寻茶：普洱茶苦旅

包忠华 著

王文贵 包忠华 图

 云南出版集团

YNK 云南科技出版社

·昆 明·

图书在版编目（CIP）数据

寻茶 / 包忠华著 . -- 昆明 : 云南科技出版社 ,
2022.1
（普洱茶苦旅）
ISBN 978-7-5587-3996-5

Ⅰ . ①寻… Ⅱ . ①包… Ⅲ . ①普洱茶—介绍—云南
Ⅳ . ① TS272.5

中国版本图书馆 CIP 数据核字 (2022) 第 012720 号

普洱茶苦旅 · 寻茶
PU'ERCHA KULÜ · XUN CHA
包忠华 著

出 版 人：温 翔
责任编辑：唐 慧 王首斌 张羽佳
封面设计：罗崇伟
装帧设计：祁东辉
制图策划：冯周扬 黄克云
责任校对：张舒园
责任印制：蒋丽芬

书 号：ISBN 978-7-5587-3996-5
印 刷：普洱方华印刷有限公司
开 本：787mm × 1092mm 1/16
印 张：12
字 数：200 千字
版 次：2022 年 1 月第 1 版
印 次：2022 年 1 月第 1 次印刷
印 数：1~4000 套
定 价：120.00 元（共 2 册）

出版发行：云南出版集团 云南科技出版社
地 址：昆明市环城西路 609 号
电 话：0871-64192760

前　言

《普洱茶苦旅·寻茶》是作者长期从事茶行业工作而形成的知识沉淀。十余年来，作者用朴素的文字和文风，在各种媒体发表文章30余万字，开设个人专栏《老包说茶》等，对普洱茶历史文化进行梳理，并对茶山文化做了构建，对普洱茶目前的现状、存在的问题和未来发展的趋势加以分析，解答人们对普洱茶的一些疑问；整理介绍有关普洱茶的重要茶事活动、普洱茶的有关数据等。

在多年的创作中，秉承所写的茶山须亲自实地走访，主要走访了以西双版纳、红河、普洱、临沧等茶区的茶山，记录下所走过的青山绿水、乡村寨子、山涧古道，用自己的视角去发现，深挖历史文化，书写各茶山的自然环境、茶叶品质及风土人情，彰显大美茶乡。不少茶山在作者所写文章的宣传下成为知名茶山，成为当地旅游景区，提升了茶山知名度，为当地茶农增收，在促进地方经济发展等方面有较大的推动作用。

网络、报纸、杂志上发表的文章不系统，不方便阅读，在很多茶农、茶友的提议下，把多年发表过的文章加以精选汇编出版，以飨读者。因作者知识有限，书中不足之处望读者给予批评指正。

包忠华 男，出生于1968年5月11日，籍贯云南景东；1988年12月在景东县文玉乡财政所工作；1999—2004年3月任景东县财政局县乡财源建设办公室主任；2004年3月—2006年11月在景东县蚕桑办副主任；2006年11月—2015年1月在普洱市茶产业发展办公室、普洱市茶业局，任文化品牌科科长。写了近30万字有关茶历史、茶文化方面的文章，在国内外杂志、报纸、网络、小说等媒体发表；任新编《云南大典》编委会副主任。

包忠华系统阐述了普洱生茶中的新茶、中期茶、老茶的分类及概念；系统阐述了普洱茶仓概念及分类；首次提出晒红茶的概念，申报并获云南省卫计委批准《晒红茶企业标准》，2020年3月取得“晒红茶”国家发明专利，目前晒红茶成为云南茶的一个新亮点，得到广泛使用；同时获得了“手撕饼（飞饼）”国家运用技术专利等多项国家专利。

包忠华曾任普洱新华国茶有限公司党支部书记、总经理，云南省普洱茶协会副会长，普洱市茶协会副会长；2018年荣获“云南茶区十佳匠心茶人”称号，普洱市“2018年度市级领军人才（工匠类）”和2018年“优秀普洱工匠”称号，被特聘为滇西应用技术大学普洱茶学院导师；荣获2020年云南省高层次人才“首席技师”称号。

摄影师简介

王文贵（天马行云） 五行属金之马，原籍宁洱县，从军七载，1986年调入澜沧县委宣传部工作，1987年筹备创办新《澜沧报》及《澜沧江》刊物，开创澜沧有史以来第一个摄影组织《澜沧边地摄影协会》，1997年加入云南省摄影家协会。足迹遍布澜沧江中下流域，摄影作品多次入选省市影展荣获过一、二、三等奖，《古茶山晨曦》曾荣获云南举办的全国摄影大赛一等奖。

证书号第3733595号

发明专利证书

发明名称：一种晒红茶及晒红茶的制作工艺

发　明　人：包忠华；陈保；金红萍；罗正刚；李瑶；姜东华

专　利　号：ZL 2015 1 0808155.2

专利申请日：2015年11月20日

专利权人：普洱新华国茶有限公司

地　　　址：665000 云南省思茅市普洱市思茅区木乃河工业园区

授权公告日：2020年03月31日　　　授权公告号：CN 105379866 B

国家知识产权局依照中华人民共和国专利法进行审查，决定授予专利权，颁发发明专利证书并在专利登记簿上予以登记。专利权自授权公告之日起生效。专利权期限为二十年，自申请日起算。

专利证书记载专利权登记时的法律状况。专利权的转移、质押、无效、终止、恢复和专利权人的姓名或名称、国籍、地址变更等事项记载在专利登记簿上。

局长
申长雨

2020年03月31日

第1页（共2页）

其他事项参见背面

证书编号：YNWR—SXJS—2020—013

身份证号：532724196805110015

云南省
“高层次人才培养支持计划”
证　书

包忠华　同志

入选首席技师专项

云南省人才工作领导小组办公室

2020年12月

中国产茶区域“十佳匠心茶人”遴选组委会

云南茶區十佳匠心茶人

授　予

包忠华

AFTER AUDITED AND CONSIDERED BY THE JUDGING PANEL, YOU ARE GIVEN THE TITLE OF THE TOP TEN TEA-MAKING INGENUITIES IN YUNNAN.

中国国际茶文化研究会　主办单位

广东省茶文化研究会　主办单位

云南省茶叶流通协会　承办单位

二〇一八年八月

包忠华技能大师工作室

云南省人力资源和社会保障厅

目 录

第一章 书写茶山

● 寻茶无量山

无量山

无量山，古称蒙乐山，以“高耸入云不可跻，面大不可丈量之”而得名。无量山属横断山脉云岭余脉，点苍山向南延伸的一个分支。自北向南连绵千里，西北端起于大理州南涧县，西至澜沧江，东至川河、把边江。最高峰笔架山位于普洱市景东县境内，最高海拔3376米。无量山人们习惯上称云南省无量山国家级自然保护区；而无量山实际上指南涧县、景东县核心区及余脉一直向西南延伸到镇沅县、景谷县、宁洱县、思茅区等广大地区。发源于无量山的川河流入镇沅县叫把边江，流入墨江县与阿墨江汇合叫李仙江，流入越南称黑水河，最后汇入红河，所以无量山为澜沧江水系和红河水系的分水岭。

无量山国家级自然保护区位于景东县和南涧县，坐标为东经100° 19′~100° 45′，北纬24° 17′~24° 55′之间，保护区南北长约83千米，东西宽5~7千米，总面积46.97万亩[①]，其中核心区面积26.47万亩；景东县境内自然保护区面积占80%左右。

① 1亩约为666.67平方米

无量山为亚热带中山湿性、半湿润常绿阔叶林的生态保护系统，生长有大量国家一级重点保护植物红豆杉、伯乐树、长蕊木兰、中华桫椤、苏铁蕨等稀有植物，在茫茫原始森林中生活有金钱豹、熊、鹿、黑冠长臂猿、灰叶猴、山驴、岩羊、獐、孔雀、白鹇等珍稀动物。保护区内含5个植被类型14个群系，分布高等植物187科798属1867种，其中国家保护植物38种；野生动物606种，哺乳类101种，两栖类28种，爬行类35种，鸟类442种，属国家级、省级保护动物有73种。

无量山地处滇西缅北、横断山脉、云贵高原、中南半岛四个地理区域的结合部位，在云南地貌区划中属横断山脉南端中山峡谷亚区，与哀牢山同处于横断山系和云南高原两大地理区域的结合部。山体支脉向东西两翼扩展而呈扇形。地势为北高南低，中间高两头低，北部狭窄高峻，海拔多在2500米以上，南部开阔低矮，海拔约1500米，相对高差大，澜沧江水面到山顶气候与植被呈垂直分布。海拔在3000米以上的山峰数座，主峰笔架山海拔3376米，次主峰猫头山海拔3306米，与澜沧江河谷相对高差达2300米左右。气候为中亚热带、南亚热带的过渡地带，年均温度18.3℃，年降水量1100毫米左右。无量山东西两坡气候存在一定的差异，西坡年降水量更大，但温度偏低。

无量山成土母质以石灰岩、砂岩、页岩等为主；地形有低谷、平坝和丘陵；土壤以红壤、红棕壤、棕壤等为主，pH在4.5～6.5之间，富含氮磷钾等矿物质，有机质含量较高，有利于植物生长，在海拔1700～2000米的山地土壤中夹杂一定量的页岩石块，当地人称“一个石头二两油”，有利于茶树生长，是生产“岩茶”的理想地方。

1978年，中科院北京植物研究所和南京地质古生物研究所公布，在无量山的景谷盆地发现宽叶木兰化石，距今有3540万年；在景东县锦屏镇文旧小组、景谷县煤厂等地发现的中华木兰化石，时代为第三纪中新世，距今有2500万年，木兰化石为茶叶的第一始祖。在无量山原始森林发现大量野生茶树。[①] 如宁洱县梅子镇罗东山发现的野生大茶树1号，最大径围3.40米，为目前无量山发现最粗的野生型大茶树。普洱市有117.8万亩的野生茶树群落，其中无量山就分布了近70万亩；无量山保存有栽培型古茶园10万多亩，主要名茶山有金鼎山、凤冠山、漫湾、老仓、御笔、老乌山、黄草坝、秧塔、联合龙塘、黄草坝、勐主大山、苦竹山、困鹿

① 《走进茶树王国》第81页

山、砍盆箐等知名古茶山及古茶园；普洱市有一条从“木兰化石（宽叶、中华）—野生型—人类栽培驯化野生茶树活标本—过渡型—栽培型，茶类植物垂直演变完整的生物链”，普洱市于 2013 年被国际茶叶委员会授予“世界茶源”称号，而无量山是“世界茶源的核心区域之一。[①]

无量山琅嬛瀑布

大理州南涧县无量山樱花谷，位于无量山核心区，距离南涧县城 51 千米，海拔 2100 米，种植有台湾高山乌龙茶近 2000 亩，茶园中套种有大量冬樱花，每年进入 11—12 月樱花怒放，如云似霞的樱花与碧绿如染的茶园交织在一起，成为摄影爱好者的天堂，被评为“中国最美茶山”之一。

古代在中国西南地区，由于特殊的地理条件，以马帮为主要的交通工具，从而形成纵横交错的茶马古道。有着数千年历史的“刊木古道”和“茶马古道”，是两条起点不同，走向不同，承载的历史内涵不同，茶马古道主要位于无量山东坡，刊木古道主要位于无量山西坡，但都是形成无量山广大地区灿烂文明的文化之路、商业之路、国运之路。

这条曾经发挥过特殊作用的茶马古道被掩埋在历史的长河中，它的名字叫“刊木古道”即“刊木通道”。“刊木古道”据《南诏德化碑》记载：“刊木古道”属南诏国的国道，顺着“刊木古道”通达银生节度，翻越无量山可达银生古城（今景东县）。唐代，独立强盛的南诏国有六个节度，其中最大的银生节度府辖地位于澜沧江两岸，银生节度管辖今天的普洱市、西双版纳州、临沧市、红河州部分，以及

① 《云茶大典》新编版第 574 页

越南、老挝、缅甸等国的部分地区。刊木古道在南诏国、大理国时在政治、军事、文化、经济等方面发挥着重大意义。[1]

岩羊山瀑布

刊木古道沿澜沧江东岸、无量山西坡而形成，以大理为起点—巍山—南涧县庙山—乐秋街—碧溪—公郎—沙乐—景东县安召—安乐—达保甸—景东、景谷、宁洱、思茅等地的一条南诏国道。“刊木古道”翻越无量山广大地区，山陡多河流，古人见山开路，遇水搭桥，这条古道的桥多为简易木桥和风雨桥，沿路丫口栽种有大树，既是路标，又是行人歇憩的地方。人从大理行走到景东只需4天时间，马帮需8天左右，从而形成金鼎山、凤冠山、五棵桩等“皇家茶园”，在镇沅、景谷等地开设“皇家盐井”，以及漫湾、保甸等“王田”。

以普洱府（今宁洱县）为源头的茶马古道共有五条，其中普洱西藏茶马大道，又称滇藏茶马古道，是世界上海拔最高、生命力最长、路途最为艰险、最富神秘感的古道；从宁洱出发，经恩乐—景东—南涧—大理—丽江—中甸—德钦—拉萨，出境入锡金、印度、尼泊尔、斯里兰卡等国，其中有300多千米茶

① 詹英佩著《茶出银生—无量山》第56～57页

马古道途径无量山。[1]

唐代樊绰著《蛮书》记载："茶出银生城界诸山。散收无采造法。蒙舍蛮以椒、姜、桂和烹而饮之。"古银生城即今天普洱市景东县城，唐代南诏国在景东设银生节度使，管辖范围相当于今普洱市、西双版纳州全境和临沧市、大理州部分地区、缅甸景栋、老挝北部、越南莱州。"蒙舍蛮"系唐代洱海附近居民，六诏之一南诏，其民族属于当时称"乌蛮"的一部分，无量山和哀牢山为唐代南诏彝族政权辖区，隶属蒙舍诏。"茶出银生城界诸山"，由于樊绰太惜墨，寥寥数字给后人留下无限想象的空间。其实樊绰当年写《蛮书》时是以一个军事间谍的身份来完成的，他从越南河内一路跋山涉水潜入南诏国搜集资料。由于受时间、环境、空间的限制，"茶出银生城界诸山"的所指范围不可能是银生节度的管辖范围，而是指银生节度府的驻地景东县城周边的无量山、哀牢山等群山。

凤冠山

凤冠山

老仓古茶林

无量山地区是一个受中原文化、大理南诏文化影响较深的地方，自古注重教育，农耕文化相对发达，是一个多民族杂居，和谐共处的地方；同时也是大乘佛教、上座部佛教、道教、伊斯兰教多教交融的地方。位于无量山和哀牢山的古代景东，是茶树种源不断向外传播的中心，传播是一个使茶树品种逐步培育提纯的过程，同时也是巴蜀茶文化最

① 《走进茶树王国》

早传入云南的茶区之一。今天景东还有大量需要两个人才能合抱的大茶树，多种于房前屋后，田边地埂，茶树品种比较杂，这是茶叶早期种植、使用的活证据。无量山地区开化较早，资源丰富，人口较多，形成错落有致的村庄，精耕细作的农田，依山开垦的台地，栽种千年的“地埂茶”文化，不同民族的文化特色等，是无量山地区具有千年农耕文化的标志。“地埂茶”成为人类早期破解种植茶叶历史的密码。当茶叶仅是满足自用时，不会形成规模种植，当茶叶成为大宗商品，特别成为朝廷专控商品时才会有规模化种植。

金庸的武侠巨著《天龙八部》，第一部以无量山为背景：“无量山中一个有名的剑派叫无量剑，住在无量山剑湖宫中。剑湖宫后山有一个巨大的瀑布，瀑布下面形成很大的湖。湖水边有一块巨大光滑的石头叫玉璧，月出之时，幸运的人可以看到仙人在玉璧上练剑……段誉在无量山中迷路跌落至无量剑湖，遇到神仙姐姐。”金庸先生妙笔之下的“无量玉壁”“玉壁仙影”“无量剑湖”琅嬛福地“琅嬛瀑布”等美景与人物，风姿飘逸、气势雄伟，令无数人神往。

目前，无量山交通相对滞后，属云南交通最落后的地区之一，交通主要有无量山西线和东线。西线从南涧县新桥—翻越无量山—景东县漫湾、林街、景福—镇沅县勐大、振太等—景谷县的小景谷、民乐、永平、碧安等地，全长400多千米；东线从南涧县新桥、无量山—景东县安定、文龙、锦屏、文井—镇沅县恩乐、古城—宁洱县的梅子、宁洱镇等地，全长300多千米。公路多以四级路为主的县、乡公路，但随着南涧县到景东县高速路和墨江到临沧高速路的开通，镇沅到臭水二级公路的建成将极大改善无量山地区交通落后的面貌。无量山茶树资源、民族文化资源、自然资源等非常丰富，但因交通制约，无量山的知名度和旅游品牌有待开发提高。无量山将是普洱市景迈山古茶林申遗成功后，又一个具备申报世界自然文化遗产的地方。

● 哀牢山茶韵

大吊水

哀牢山为云南名山，位于中国云南中西部，地处云贵高原、横断山和青藏高原南麓三大地理区域的结合部，为横断山脉云岭向南的延伸，是云贵高原和横断山脉的分界线。哀牢山走向为西北东南向，北起楚雄市，南抵绿春县，涉及楚雄州的楚雄、南华、双柏，普洱市的景东、镇沅、墨江，玉溪市的新平，红河州的绿春等（县）市，全长近 500 千米。哀牢山最高峰大磨岩，位于新平县水塘镇境内，海拔 3166 米。

云南哀牢山国家级自然保护区位于哀牢山北段上部，坐标为东经 100° 44′~ 101° 30′，北纬 23° 36′~ 24° 56′，保护区南北长约 130 千米，东西宽 4 ~ 9 千米，最宽地方达 20 多千米，总面积 101.55 万亩。

哀牢山自然保护区地跨云南省 3 个州（市）6 个县（市），即楚雄州、普洱市、玉溪市，含楚雄市、南华、双柏、景东、镇沅、新平。以保护亚热带中山湿性常绿阔叶林生态系统和黑长臂猿、绿孔雀、灰叶猴等珍贵野生动物为目的。1986

年 3 月，正式建立省级自然保护区。1988 年 5 月，建立国家级自然保护区。保护区有高等植物种类约 1500 种，其中国家重点保护植物 14 种；高等动物种类有 435 种，其中国家重点保护动物有黑长臂猿、短尾猴、绿孔雀等 20 多种。

哀牢山的河流为红河水系，是云贵高原和横断山脉两大地貌区的分界线，亦为云贵高原气候的天然屏障，海拔一般在 2000 米以上，海拔在 3000 米以上的山峰有 9 座。哀牢山地处东亚季风热带、南亚季风热带和青藏横断山系三大自然地理区域的交汇处，是云南省东西季风气候和青藏高原气候的分界线。因此，在海拔 2800 米左右的哀牢山区，年降水量可达 2200 毫米，海拔 900 米以下的哀牢山北麓，年平均降雨量 800～900 毫米。哀牢山温差较大，高海拔地区年平均气温 15℃左右，低热河谷地区年平均气温 23℃左右。

哀牢山形成于中生代燕山运动至第四纪喜马拉雅运动时期，地面大规模抬升，河流急剧下切，形成深度切割的山地地貌。山体东部因沿断裂带下切较陡，相对高差大，西坡则较平缓。哀牢山成土母质由砂页岩、石灰岩、片岩、片麻岩和闪长岩等组成；地形有低谷、平坝和丘陵；土壤以红棕壤、棕壤、红壤等为主，偏酸性，pH 为 4.4～5.9，有机质含量高，富含氮磷钾等矿物质，土壤肥沃。

千家寨世界野生型茶树王

芒岔过渡型古茶树

哀牢山茂密的森林植被，成为世界著名的茶树资源基因库，共有野生型茶树群落面积近 50 万亩，其中普洱市哀牢山范围内有近 40 万亩（全市 117.8 万亩），此外楚雄州、红河州、玉溪市等地发现的野生型茶树群落面积 10 余万亩。在广大的哀牢山地区还有近 10 万多亩的栽培型古茶园及在茶界有特殊地位的大茶树。

据新编《云茶大典》一书记载:“生长于镇沅县九甲乡千家寨，海拔 2450 米的 1 号大茶树，树高 25.6 米，树幅 22 米 ×20 米，基部干围 2.82 米，推测树龄约 2700 年，被誉为“世界野生型茶树王。”①

生长于景东县太忠镇大柏村丫口寨的大茶树，树高 8.9 米，树幅 7 米 ×6.6 米，最大基部干围 2.85 米，属野生型古茶树，茶树生长在山梁上，土壤贫瘠，海拔 1940 米，是当地先民从野生茶移植栽培而成的大茶树，为目前在普洱发现最大的人工种植野生型古茶树，推测树龄在千年左右，被誉为“人类栽培驯化野生茶树活标本”。②

哀牢山金山丫口

景东县花山镇文岔村的过渡型大茶树，树高 11.5 米、基部干围 3.30 米，推测树龄约 800 年，等等。③

哀牢山狗碑

哀牢山是云南主要山脉中野生茶树资源仅次于无量山的地方，是唐代樊绰著《蛮书》中“茶出银生城界诸山”的诸山之一。因普洱市有一条从“木兰化石（宽叶、中华）—野生型—人类栽培驯化野生茶树活标本—过渡型—栽培型，

① 《云茶大典》新编版第 754 页
② 《云茶大典》新编版第 755 页
③ 《云茶大典》新编版第 605 页

茶类植物垂直演变完整的生物链”，所以普洱市于2013年被国际茶叶委员会授予“世界茶源”称号，而无量山、哀牢山成为“世界茶源的核心区域之一”。[①] 哀牢山有许多知名的古茶山，如景东县有竹者古茶园、文岔古茶园、芦山古茶园、杜鹃湖高山乌龙茶，镇沅县有千家寨古茶山、马邓古茶山等，墨江县有迷帝贡茶、凤凰山、须立贡茶、通关、团田等古茶山及茶园，绿春县有玛玉古茶山等。

根据新编《云茶大典》“云茶世界之最”中哀牢山就有两个席位：生长于普洱市镇沅县九甲乡千家寨的野生大茶树，树高25.6米，树幅22米×20米，最大基部干围2.82米，被誉为“世界野生型茶树王”；生长于景东县太忠镇大柏村丫口寨大茶树，树高8.9米，树幅7米×6.6米，最大基部干围2.85米，属野生型古茶树，被誉为“人类驯化栽培野生茶树活标本”。

哀牢山广大地区是一个多民族人口的聚居区，有镇沅县的苦聪人聚居区，墨江、绿春、新平的哈尼族聚居区，楚雄市、南华、双柏、景东、镇沅等县的彝族聚居区，新平的花腰傣（傣族支系）聚居区，在各民族聚居区形成自已独特的民族文化，哀牢山是一个多民族融合发展，和睦共处的地方，也是一个旅游资源非常丰富的地方。

杜鹃湖风景区位于海拔2500米的哀牢山上，属景东县太忠镇，原名徐家坝水库，因水库四周长满杜鹃花而得名。距离县城60千米，目前为四级公路标准，1981年创建的中科院哀牢山生态站，1993年省人民政府审定为省级风景名胜区——哀牢山风景名胜区。杜鹃湖水清澈见底，浸泡在水中的古树数十年不腐，成为鱼虾的家园；湖边的杜鹃花树虽没有高大的身躯，但花娇艳无比；有数百亩的高山草甸，踩上去软绵绵的，仰睡着看天，白云飘过头顶触手可及，在各种小花的点缀下别是一番风景；几片上百亩的台湾高山乌龙茶，散布其间，是这一地区最早引进的台资茶企业；沿着环湖栈道游览，除了草甸、茶园、杜鹃花及几幢房子，剩下的就是莽莽林海，无数的参天古树被各种苔藓包裹得五颜六色，有的犹如龙须；树顶上垂下的藤蔓大小不一，奇形怪状；不时会听闻到各种动物的叫声，寒风下有些毛骨悚然，这才是踏入原始森林的意境。在普洱市“哀牢山—无量山国家公园”内拥有国内无线电环境最优良的地区，杜鹃湖畔将建成全球最大口径的“云南景东120米脉冲星射电望远镜”，将成为一道壮美的科学和自然景观。

① 《云茶大典》新编版第752页

千家寨风光

千家寨风光

位于景东县龙街乡戈瓦村张家组以东3千米左右的迤戈瓦，距杜鹃湖6～7千米，海拔2055米。这里日照充足，年气温在10～25℃之间，年平均降水量1700毫米。生长着一片古茶园，最大株径围50厘米左右。据世代生活在周边的老人讲，该茶树群年龄均在100年以上。茶树生长的土地20厘米以上为原始森林特有的腐殖土，20厘米以下是茶树根系最为喜爱的红壤。黑土红壤富含矿物质、腐殖质，为此茶树群提供了完美的根系环境，为长出色泽银绿发亮，苦涩极低，香味持久，回味绵长的茶叶，提供了天然的生态保障。

千家寨风景区位于哀牢山中部的镇沅县九甲乡，距县城90千米。据史书记载，在太平天国的影响和鼓舞下，清朝咸丰、同治年间，哀牢山彝族农民领袖李文学联合各族农民5000余人，聚集于天生营誓师起义，在哀牢山安营扎寨反抗清政府达近二十年，因而得名“千家寨”。

千家寨石栅门边的瀑布高悬于半山腰，当地人称为大吊水，瀑布从两山之间的峡谷口喷泻而出，势如天河决口，悬空而泻百米，落如脚潭，水声如雷、轰鸣山谷，腾起的水雾弥漫河谷，景色壮丽，这也形成嘟噜河的源头。“嘟噜”为傣语，意为流经原始森林的河，嘟噜河蜿蜒于原始森林中，时而悬瀑，飞珠溅玉，时而蓄潭，蓝天跃澄碧，映日动浮光，时而如千万条银链漫流石面，河两岸古木横斜、绿叶婆娑、山花烂漫，风光旖旎、野趣迷人。

从小吊水、大吊水，进入千家寨万亩野生茶树群落的神秘世界，有一棵茶树被冠以“世界野生型茶王树”，在千家寨基部径围在2米以上的野生大茶树很多，对于研究茶树地起源等方面有重要的科考价值，茶界有句话：“不登临千家寨茶王是做茶人终身的遗憾。”

素有“花腰傣之乡”的新平县哀牢山境内，有南恩大瀑布、石门峡、茶马古道、金山原始森林、土司府（2014年被列为“国家级文物保护单位”）、大雪锅山、打雀山（国际候鸟迁徙保护区）、大（小）帽耳山等自然景观。各种蕨类、苔藓植物攀络树上分披垂挂，尤为壮观。日出日落，猿啸鸟鸣，各种动物饮于水边，俨然一幅山水鸟兽图，使人体味到哀牢山是森林的海洋，动物的天堂；山中有悬崖绝壁、瀑布众多，雄伟壮观。茶马古道多穿越哀牢山无人区，这里有“一夫当关万夫莫开”的险要地势，“一山分四季，十里不同天”的特殊立体气候，是人类研究生态、生物、土壤、气候、水文、地理等的极好基地和旅游避暑地理想场所。

过去每天翻越哀牢山古道的骡马有千余匹，商家行人数千，无数马帮行人在这悠悠古道上默默行走，经历着多少人间的悲欢离合。哀牢山东坡在昆曼高速公路通车后，旅游业发展较快，但随着墨江到临沧高速、南涧到景东高速及昆曼高铁的建成通车，哀牢山将迎来新的腾飞。

哀牢山古茶园

● 景迈山——茶人心中的“圣山”

景迈山糯干古寨

景迈山古茶林位于普洱市澜沧拉祜族自治县惠民乡的景迈山上，主要分布在景迈、芒景两个村，居民以布朗族、傣族、哈尼族等为主。茶园生长在海拔1100～1570米之间，年降水量1400～1450毫米，年平均气温18℃，四季气候温和，夏无酷暑，冬无严寒，有利于茶叶内在物质的聚合；植被为山地常绿阔叶林，生态保护非常完整；土壤为沙粒赤红壤，富含各种微量元素，透水、透气性好，是高品质茶叶生长的黄金区域。

景迈山古茶园面积2.8万亩，是世界上面积最大保存最完整的栽培型古茶园。古朴的村庄仿佛镶嵌在森林中，有数百年历史的干栏式建筑，古朴中透视出边疆少数民族发展的史诗。只有走近才能看清那些间杂在参天古树之间的茶树，错落有致，稀疏合理，你中有我，我中有你。

各种飞鸟在树枝上筑巢，不同昆虫在茶林中共栖，白天牛群、猪、鸡在茶树下觅食，夜晚古茶园成为各种野生动物的天堂。景迈山常年云雾缭绕，到这里看茶园、古树，观古村落、古寺庙，赏日出日落、云海奇景，体验采茶、制茶、晒茶、品茶的乐趣。

景迈山路标

景迈山古茶树上的螃蟹脚

景迈山古茶园

景迈山的茶树没有经过人为矮化，外形上都显得沧桑凝重、饱经风霜。茶树的枝干上寄生了很多苔藓、石斛等附生物，其中有一种俗称“螃蟹脚”的多年生草本寄生植物，学名扁枝槲寄生属扁杆灯芯草，常饮可防止血管硬化，有消炎祛痰、清热利尿等功效。成为景迈山古茶之外又一大招牌产品，市场价居然比古茶还名贵。

景迈山古茶的汤色黄绿明亮，香气突显兰香和蜜香，滋味醇厚，回甘持久。如今，这种汲取了天地之灵气、日月之精华的景迈山古茶成为了中外客商和普洱茶人争相品饮、收藏的上上佳品。

1950 年，云南省少数民族代表团成员去北京参加新中国一周年国庆观礼。景迈山上布朗族头人苏里亚背着一袋珍贵的“腊各信”（小雀嘴尖茶）在中南海亲手送给毛主席。在 2008 年北京奥运会上，用景迈山古树茶专门特制的“奥运国礼茶”被赠送给各国元首。

景迈山上各族民族都奉叭艾冷为茶祖，如今苏里亚的儿子苏国文成为景迈山上祭茶祖活动的领头人。这项盛大的祭茶祖大典以剽牛仪式为高潮，村民们不分民族，都围着祭台，敲着象脚鼓，打起铓锣，跳着舞蹈，吃百家饭，整个活动神秘而隆重，时间可长达数天，经常会有国内外知名人士参加这项祭祀活动。

据《布朗族言志》和布朗族地方史《奔闷》等有关史料记载，景迈山栽培茶树的历史最早可追溯到佛历713年（180年），迄今已有1830多年。景迈山被誉为“茶树自然博物馆”。2012年9月以景迈山为代表的云南普洱古茶园与茶文化系统被批准为全球重要农业文化遗产（GIAHS）保护项目试点；2012年11月云南普洱景迈山古茶林入选第三批《中国世界文化遗产预备名单》，也是目前世界上第一个以一座茶山来申报世界文化遗产的地方。

早晨看云海如仙境，看茶树是风景，上树采茶成游乐，拥抱大树，与自然对话，走进古寨让你留住时光的记忆，喝上一盅普洱让你“实在舍不得”，住宿景迈山就是个诗意夜晚……

景迈山是一个历史与现实粘连得很紧的地方，1000多年来，不管山里山外风云变幻，自栽下第一株茶苗起，这里就似乎注定要成为了茶树生长的圣地，茶人心中的圣山。

景迈山路标

● 困鹿山——清代皇家贡茶园

困鹿山是清代普洱茶中最知名的皇家贡茶园。贡茶是古代中国朝廷用茶，专供皇室享用。生产贡茶的茶园被称为贡茶园。能获此殊荣实为难得。

贡茶在中国有悠久的历史，起源于西周，对茶叶生产和茶文化有巨大的影响，也是中国封建礼教的象征。

困鹿山古茶园

困鹿山古茶园

困鹿山位于宁洱县境内，距县城30余千米，地处无量山南段余脉，为澜沧江水系和红河水系的分水岭，困鹿山最高海拔2271米。

困鹿为傣语，“困”为凹地，“鹿”为雀、鸟，“困鹿山”意为雀鸟多的山凹。山中峰峦叠翠，古木参天，溪水长流。

困鹿山古茶园有人工栽培型古茶600亩，生态茶园3800余亩，野生茶群落面积2000余亩，地跨宁洱镇、勐先镇等地。

困鹿山古茶园在云南乃至世界都具有无法撼动的地位。

一是科研价值。世界上最早驯化培育使用茶叶是无量山和哀牢山地区。茶叶按驯化培育进程分野生型、过渡型、栽培型；按茶叶叶面大小分大叶种、中叶种、小叶种茶。在海拔1900米的困鹿山老寨旁，有树龄600多年的大茶树近400棵，属大叶种、中叶种、小叶种混种，并且小叶种比例占了近三分之一，但都属栽培型，其中一株被誉为“世界小叶种茶树王”的古茶树，树高9.76米，基部丛围230厘米，有八个分支。这是早期茶树品种沿澜沧江东岸传播过程的一个分水岭，再向北的西双版纳州、澜沧县等地的大茶树品种相对较纯，大茶树的小叶种极少，所以具有极高的科研价值。

二是文化价值。清朝雍正时期在西南一些少数民族地区废除土司制，实行流官制的政治改革，史称改土归流。改土归流是把少数民族土司世袭制管理的方式改为流官制管理方式，旨在加强中央对边疆地区的统一管理，设省、府（州）、县等。清廷对云南各府（州）的管理范围进行改革，对区域太大的地方增设府、县。雍正七年（1729 年）朝廷增设普洱府，在普洱府范围内生产的茶叶统称普洱茶。因困鹿山与普洱府衙很近，又多有大茶树，被清政府指定为皇家御用茶园，距今有近 300 年历史。贡茶的采摘和制作均由官府派兵监制，秘而不宣，鲜为人知。所以具有特殊文化价值。

世界小叶种茶树王

困鹿山古茶树

三是历史价值。在清雍正之前，宁洱、思茅等很多地方都有大茶树，成立普洱府后期，普洱府衙为更好地管控普洱茶生产、销售，避免周边的茶农“走私”茶叶，冲击朝廷对茶叶集中交易和“茶引”制的推行，实现按茶树多少、大小来定额的“茶树税”，在沉重的赋税下，茶农采取毁茶园、茶树的自残式“反抗”，结果在宁洱县、思茅区范围内基本没有保留下古茶树。困鹿山因被钦定为“皇家贡茶园”得以幸免被毁而保存。有幸保留下来的困鹿山茶园中有几百株为制作皇家贡茶专用，在春茶采摘时节，官府就要派官兵进宽宏村监制茶叶生产制作，并把制好的人头茶、七子饼茶、沱茶运去北京，进贡到皇宫里去。因此 2008 年 6 月 7 日，宁洱县“普洱茶制作技艺（贡茶制作技艺）”被国务院公布为第二批国家级非物质文化遗产。所以困鹿山古茶山承载着一段特殊的历史价值。

困鹿山古茶有独特的品质、口感首先得益于当地的土壤条件，其次是混种的品种。小叶种茶难采摘但香型独特，因此成就困鹿山茶清雅、高锐、持久、韵长等。无愧“皇家茶园”称号，问鼎普洱茶界。

● 金鼎古茶山——无量山之“魂”

唐代南诏国时，无量山叫蒙乐山，也被称为“南岳”，在银生节度府管辖范围内。后大理国归顺元朝，因中原有“五岳”，其中南岳衡山素有“五岳独秀”之美誉，所以“南岳蒙乐山”渐渐改称无量山。无量山以“高耸入云不可跻，面大不可丈量之”而得名。

无量山博大秀美，但他在中国茶叶中的特殊地位一直没有挖掘、彰显出来。而无量山最特殊、最有价值当属金鼎山。

金鼎山大茶树

金鼎山二道河古茶园

金鼎古茶山过去把景福、林街、曼等3个乡（镇），南北近百千米的区域茶山都统称金鼎古茶山，各地有独特的民族文化、茶山特点，这样反而使文化不好挖掘，限制其发展。

2015年包忠华把“凤冠古茶山”从金鼎古茶山中划分出去，使“凤冠古茶山”在几年内就成为一座普洱茶界的名茶山，为外界所认知，还推动了当地旅游业的发展。

金鼎古茶山实际范围主要是指林街乡丁帕、岩头、箐头村和景福镇公平村。而核心区是丁帕村二道河和磨刀河等小组。

金鼎古茶山的茶树多种在房前屋后及地埂上，这里是早期“倮倮人”“米俐人”繁衍生息的地方，是普洱市最早种植茶的先民之一。

金鼎山的土壤属岩石黑壤土，土壤肥力好，“一个石头二两油”就是这里的真实写照。这一地区的岩石多为块状，材质坚硬，容易加工，可广泛用于砌墙，当瓦片盖房顶，老百姓也就地取材，所以当地房子多为石头房，成为无量山特色民居。

因这里人多地少，为节约土地，地埂用石块垒起，形成平整的耕地，茶树就种在地埂的石块墙中，可以很好地展示中国农耕文化的精髓，体现劳动人民的智慧。这里的茶树品种很多都尚未提纯，有野生型、过渡型、栽培型混种，是云南最古老的茶山之一”。

从社会发展的角度看，茶叶的种植史也能体现人类进步史。茶最早为药用或野菜使用，后来成为饮品使用，茶叶发展还处于小范围的市场交易时，种植不成规模，每户都会有几棵，地主富裕人家会多种些，这在很多茶山房前屋后种的茶树比较大就是例证。当茶叶进入大综商品交易阶段，官方的参与度很高时，才会出现规模连块的种植，如西双版纳的六大茶山、景迈山、贺开古茶山等就属于官商合营形成的茶山。

金鼎古茶山现有古茶树面积有2800多亩，生态茶4600多亩，多生长在海拔1700～2200米的村庄、林地间。现存茶树径围在200厘米以上的有800余株，主干高度多控制在4～7米，非常壮观。这里的茶农不给茶树封王，只根据大小称“金鼎1号”“金鼎2号”等，当地人认为随意的“封王”，是德不配位，这也许受当地道教、佛教的教化所致。据说这里过去大茶树更多，后来因为遮荫耕地被砍了，所以金鼎古茶山是普洱茶中最典型的“地埂茶”和“岩茶”代表。

金鼎山古茶园

因金鼎山在南诏国、大理国时的国道“刊木古道”边，从金鼎山启程马帮只要6～7天就可达南诏国、大理国的首都，金鼎山茶就成为南诏国、大理国的“皇家茶园之一”，属被历史遗忘的“贡茶”。

在云南研究茶历史文化，寻找

茶之源、茶之祖，若离开景东无量山，就好比研究中国古人类的进化过程，离开云南元谋人一样，是没有找到真正的根。

无量山最奇伟当数金鼎山，这里可大书特书的地方很多。

《景东县志稿》有诗云："金鼎巍峨气象高，南临山岳势英豪。千峰拱服朝圭笏，一岭庄严衣锦袍。正位端居同帝阙，偏旁峙立尽臣曹。若非御下皆培嵝，那得儿孙肯执旄。……金鼎之高不可量，金鼎之奇不可藏！蒙乐一赴数百里，北构西折频回翔。嶙峋石峡行复止，绝壁巉崖劈空起。左龙右虎争蟠蹲，古木清泉茂且美。"

金鼎山风貌

道教创派始祖为邱处机，而道教龙门派的"百字辈"顺序为："道德通玄静，真常守太清，一阳来复本，合教永圆明，至理宗诚信，崇高嗣法兴，世景荣惟懋，希微衍自守，未修正仁义，超升云会登，大妙中黄贵，圣体全用功，虚空乾坤秀，金木性相逢，山海龙虎交，莲开现宝新，行满丹书诏，月盈祥光生，万古续仙号，三界都是亲。"

金鼎山属"佛道双修"之地，为滇西南道教名山，相传开山建寺为彭本源道长，"本"字辈属道教龙门派十五代弟子，金鼎山道观始建于明代后期。

《景东府志》记载："金鼎山，相传为彭本源道人建。彭本源，磨外井人，少慕道人，无道人，大石旁潜修，遇异人指示，洞明内景。时金鼎山无寺，源创修，工竣，云游数年归，遍辞道侣，趺（fū）坐而化。其徒来湛，参悟妙诀，一夕在林街观音寺中聚会，众侣云：我徒师去亦趺（fū）坐而终。"

金鼎山道观共传了八代，历时 300 多年。在龙门派第二十一代弟子周至诚任道长时，因到金鼎山寺求事最为灵验，成为澜沧江两岸普洱、临沧、十二版纳等地最知名的道观，信众多，使金鼎山名扬四方。

周至诚本姓李，相传原是楚雄大姚县县令，因错判案子被告而逃到金鼎山避难行医、修行。几年后修道成功，成为金鼎山道观掌门人。

金鼎山多次被山火焚烧损毁，多次修复，20世纪40年代末被一场山火焚烧殆尽，后做了部分修复，周道长仙逝后，加之战乱等原因，金鼎山名气大减。中华人民共和国成立后，末代道长落户磨刀河。在“破四旧”时把一些尚存的房子材料拆下山建集体仓房，如今仅有古迹遍布山头。

金鼎山气势雄浑，神秘而雄壮，仰望金鼎山，只觉主峰高不可攀，悬崖峭壁，登上山顶有“一览众山小”之势。山顶笼罩在云雾中若隐若现，深涧幽谷、绿树簇拥、古木枯藤、万花叠翠。金鼎山是当地人心中的圣地，如今每年有大量普洱、临沧、勐海、澜沧等地的人都会赶来朝拜，当地称为“朝山”，朝山为期7天，但规模与过去无法相比。

传说金鼎山的二道河从中原地区来了一户铁匠，炼铁打刀剑的技术非常了得，后来这里的宝剑送入南诏国皇室，被南诏国皇帝称为“无量剑”。打铸好的剑在石头上磨亮、磨锋利，人们在一条小河上发现一块红色巨石，磨出的刀削铁如泥，这块磨刀石所在的小河就叫磨刀河。

无量剑和南诏剑成为古代南剑代表。“南诏剑是唐代南诏兵器名，又称浪剑、浪川剑。因三浪诏所制者最精利，故名。南诏国、大理国贵族和平民皆将其悬挂腰间，作为战斗及防身武器。制造时锻生铁，取进汁，如是者数次，烹炼之。剑成，用犀角、黄金装饰镡首。”①

后来金庸写《天龙八部》时，他没有到过云南，但写大理国段氏王朝与无量剑湖，无量玉壁，无量宫，以及“神仙姊姊”住的山洞等，把无量山描写得美丽而神秘，金庸大师“虚构”出来的这些地方，其实很多场景都与现实很吻合。据说金庸年轻时是《新晚报》的编辑，看过一些国民党老兵和曾生活在无量山的读书人投稿给《新晚报》的回忆文章，为金庸后来的创作提供了很多素材。

我去过中国很多茶区考察、学习，走遍云南大多数名茶山，给金鼎古茶山的评语是“五岳归来不看山，金鼎归来不看茶”。

---

① 资料引用高文德主编.《中国少数民族史大辞典》：吉林教育出版社，1995年12月：第1591页

● 凤冠古茶山——遗落人间的伊甸园

无量剑湖

普洱市景东县的地形是两山夹一河，把边江的上游川河由北向南纵贯县境，其东边是哀牢山，西边是无量山，因此景东是中国著名的生态高地，坐拥无量山、哀牢山两条著名山脉，堪称动植物的基因库，黑冠长臂猿栖息的乐土，被称为“中国黑冠长臂猿之乡”。

无量山、哀牢山是世界茶树起源的中心地带，留存有茶树从木兰化石始祖（中华木兰化石）、到野生型、人类栽培驯化野生茶树活标本、过渡型与栽培型茶树的完整进化链条，并以“茶出银生”的名义开创了云南茶叶文明的第一缕曙光。

唐宋以后，云南茶叶文明之路一条从银生府故地景东出发，经镇沅、景谷、宁洱一路南传，一直传到车里宣慰司的古六大茶山；一条从无量山过澜沧江向西传，经云县、凤庆等地传向澜沧江以西的地区。经过数百年的酝酿终于在明代诞生了闻名天下的普洱茶。

原来的金鼎古茶山面积太大，不利于打造，为突出不同茶山的文化、历史等特征。包忠华提出将其划分为金鼎古茶山和凤冠古茶山来分别打造。

从景东县城出发，翻越无量山，行程 60 千米到达海拔 1800 多米的芹菜塘，芹菜塘原本是个高寒小坝子，后来修公路成为无量山以西的交通枢纽，北路通往镇沅县里威、勐大，景谷县小景谷，直达碧安等；西路通向大朝山东镇，到临沧等地；南路通向景福、林街、保甸、漫湾、大理或昆明等地。

沿古代“刊木古道”的走向，从芹菜塘再行 4 千米到达勐令村，勐令曾经是茶马古道的重要驿站，是马帮商人集聚喧闹的山街，后因交通方式的迭代升级，汽车替代了马帮，公路代替了古道，古驿站勐令被芹菜塘客运中心所取代。

从勐令街分叉，向山中前行，沿途经过风景如画的湾水河水库，然后直奔神仙姐姐居住的无量剑湖而去。

读过、看过金庸的《天龙八部》的人，对神仙姐姐与无量山剑湖宫、无量玉壁等无限向往。但现实中，景东无量山一个地方酷似金庸笔下描绘的人间仙境，那就是景东景福乡岔河村委会的羊山瀑布。

凤冠山村落

无量剑湖原名羊山瀑布，因 100 多米高的瀑布山崖，只无量山上生长的一种叫“岩羊”的野生动物才能攀爬上下，当地人就称它羊山瀑布（也叫岩羊山瀑布）。

无量剑湖位于无量山中段西侧，是无量山流入澜沧江水系最大的河流——勐片河，其支流岔河的源头。勐片河发源于无量山最高峰笔架山（海拔 3376 米）下，由北向南经过林街乡的金鼎山，然后进入景福境内，接纳了支流岔河之后，以勐片河的名义流向西南的大朝山东镇，最后汇入澜沧江。

以岔河村为核心的凤冠古茶山，是景东县著名的自然、人文与古茶树资源荟萃之地，当地政府提炼出了无量剑湖、独特的石板房民居文化、古俫俐人遗迹、古茶山、万亩核桃园、大寨子黑冠长臂猿等亮点，正进行深度的多元化产业立体打造。

在亮点提炼与产业发展方面做了许多卓有成效地工作，但还缺乏一条主线将分散的各个板块串联起来，进行整体的打造。首先需解决交通瓶颈，以茶历史文化为主线，来带动当地的文化与旅游产业的发展，因此凤冠古茶山的历史文化挖掘与茶产业整体打造规划就显得尤为必要了。

凤冠古茶山主要包括景福镇岔河、勐片、回寺、勐令等村，这里的茶园最早由佅俐人（滇南彝族的一个支系）种植。这里是黑冠长臂猿最集中栖息的地方，凤冠山属无量山中段，因山形似凤凰头而得名，山上分布着凤冠山、大园子、小龙树、大寨子、叶家坝、王家、对门村等自然小组，民族以彝族、汉族为主，海拔1600~1950米，房屋建筑为青瓦青石板砌墙的独特结构，主要经济作物茶叶、核桃。

凤冠山有数千年的种茶历史，茶树品种比较原始混杂，古茶面积2000多亩，百年以上古茶树数万余株，茶叶品质上乘，过去被划归金鼎古茶山而长期被忽视被低估。

詹英佩著《茶出银生城界诸山——无量山》一书中描述："庆幸的是岁月没有完全抹去历史的轮廓，在无量山主峰的西坡面岔河村委会地界内还珍藏着一大片银生古茶，留下了一个形象丰满、古韵浓浓的南诏古茶村，今天我们要为这片古茶林、这个古茶村撩开千年的面纱，让它重展古风、重显尊容，这片古茶林和这个古茶村与一个吉祥又灵美的地名——凤冠山连在一起，进岔河看见凤冠山就能见到茶出银生城界诸山的历史画面，要梳理南诏银生茶的历史，想亲睹银生茶的尊容，蒙乐山（无量山）主峰下的岔河村是个最重要最关键的地点，不进岔河村不见凤冠山上的大茶王就读不懂什么叫茶出银生城界诸山……

凤冠山保存下最完整最有研究价值的南诏种茶模式——粮茶套种、茶树围埂锁地边法，走进凤冠山能看到云南省面积最大、海拔最高、年代最久远、埂线最长、最整齐美观的茶树围地埂的历史画面……

蒙化人、倮倮人、佅俐人同属乌蛮，语言相近，宗教相同，生活习惯也一样，南诏时期他们都属于统治民族，高贵民族，这几个乌蛮支系通婚的可能性很大"。[1]

在凤冠山留有太多的关于茶叶的秘密，而最大的就是神秘消失的种茶人佅俐人的传说。佅俐人为彝族的一个支系，在临沧被称为俐佅人。

佅俐人、倮倮人、乌蛮人等应是古代生活在澜沧江两岸使用"新石器"的原始

---

① 詹英佩著《茶出银生城界诸山——无量山》148～174页

凤冠山茶农采茶

凤冠山村落

凤冠山村落

人的后裔，也就是传说的古代濮人，所以说茶界认同古代濮人是云南最早使用和栽培茶树的人。

景东凤冠山最早的茶树应为俫俐人种。目前，在无量山凤冠山、公平村、金鼎山一线还保存大量古俫俐人的建筑遗迹、古坟、古茶树、古核桃树等，但没了俫俐人。而临沧云县、永德一带的俐俫人自称500年前被仇人追杀，从景东逃到永德的乌木龙躲藏下来。在其口述的古歌《龙门调》中唱道："我们的祖先来自景东一个叫大园子的地方，渡过澜沧江，到了白雁山，后再到乌木龙这地方。"而凤冠古茶山的核心区正好就有一个叫大园子的村庄，这不仅仅是巧合，从凤冠山发现大量的俫俐人古坟和永德的古坟相同，俫俐人到哪里都种茶可以作为一些证据。

俫俐人整族逃离无量山的历史谜团，因俫俐人没有文字，没有具体的记录。但从迁移逃离的路径看，从凤冠山到澜沧江的羊街渡只有80多千米，过去人走也就两天行程，而从羊街渡过江十多千米是白雁山，也许俫俐族人逃到白雁山后做过停留，有一部分人留在白雁山，一部分人前往永德乌木龙。

当地还流传着俫俐公主的故事。俫俐公主是凤冠山一个俫俐头人的女儿，其就住在羊山瀑布（无量剑湖）附近的对门村，当地老百姓说村子里现存最大的那棵茶树就是她亲手栽的。临沧永德的俐俫人以每年春天举行的澡塘会闻名于世，其认为沐浴可以洗去晦气，来年好运不断。这反映了俫俐人是个非常重视与喜欢沐浴的民族，在数百年前，每到黄昏倸俐公主就经常到家旁边的瀑布下沐浴。从当地流传的故事来看，倸俐公主有可能就是金庸小说中神仙姐姐的原型……

勐令村保留的大茶树很多，最特殊的芹菜塘的刘崐祖母坟地前后的地埂上生长着的五六棵大茶树，其中最大一棵离坟不到 10 米，根部树干径围近 300 厘米，为凤冠古茶山最大的一棵。

刘崐是景东名人，清道光年间考中进士，被授翰林院编修，曾任光绪皇帝的老师，后任湖南巡抚。而刘崐家族住在曼等乡，距离这有近 50 千米，定是看到这里风水好，才将祖坟埋在这里。

凤冠古茶山不得不用世外桃源、人间仙境、茶树博物馆等词来形容，是个遗落人间的伊甸园，也是景东未来开发旅游业最有潜力的地方。

凤冠山茶农采茶

漫湾古茶山

窝落地

漫湾镇过去叫保甸乡，因20世纪80年代，在澜沧江上修建第一座百万千瓦级大型水电站漫湾电站而更名。它地处景东县的西北部，北与大理州的南涧县山水相连；西以澜沧江为界，与临沧市云县隔江相望，是普洱、大理、临沧3个州（市）的交界点。

漫湾古茶山主要分布在无量山西坡，辖景东县漫湾镇的安召、五里、温竹、漫湾、保甸、文冒等村。海拔1100～2300米，年均气温13.8℃，年降水量1290毫米左右。共有茶园面积10400亩，其中有古茶林面积3725亩。代表性古茶园有安召古茶园、五里坡古茶园、窝落地古茶园、中山箐古茶园、王家箐古茶园、文冒古茶园等。

安召古茶园　在漫湾古茶山中面积是最大的，在街子、滴水箐、独家村、旧村、大村、酸荞地、倮么，白地厂等小组皆有分布，古茶面积有800多亩，茶树树龄多在300～800年。安召村与大理州相邻，以一条小河为界，有“一步跨2个州（市）”之美誉。村委会驻地安召街曾经是南诏国的国道“刊木古道”上的一个重要驿站，是景东无量山西区的北大门，从南涧、巍山、弥渡、景东、云县而来的马帮在此交汇分岔。马帮沿着古道把金鼎古茶山、漫湾古茶山、凤冠山、老乌山等无量山西坡广大山区的茶叶等物品驮运达大理、丽江、拉萨等地方。安召村紧邻大理州南涧县，后来成为下关茶厂的原料基地。

窝落地古茶

窝落地古茶园 属于温竹村，是漫湾镇村民居住的海拔最高的地方，位于无量山之中，因四周被群山包围，仿佛是一块落陷下去地方，地形像鸡窝，故得名窝落地。这里有8个小组，210户人家，近700人。彝族为当地的主体世居民族，也是种植这片古茶园的主人。古茶园面积600多亩，古茶树龄多为300~800年。茶叶品种虽然混杂，但茶质上乘，在漫湾古茶山中名气是较大的。

漫湾古茶山“蛟龙出海”

五里坡古茶 位于五里村半山上，海拔1200~1300米，有古茶树面积300余亩，树龄在300~500年，茶树为澜沧江边上的船夫、渔夫种植，多种植在地埂上，茶叶有一种特殊花香味。 澜沧江上有个知名的古渡口羊街渡，江的西岸为云县茂兰镇白莺山村，江的东岸为景东漫湾镇五里村。据说当年徐霞客游历云南时，从凤庆到云县，原计划从羊街渡过江，翻越无量山，达景东，可惜恰逢澜沧江涨大水，不能渡船过江，只能从云县茂兰镇返回凤庆。

中山箐古茶园 位于漫湾村上部，属无量山边缘地带，海拔1800米左右，包括中山、棉花林、垭口、岔河四个小组。中山箐因历史上多次发生地震等原因，形成一个巨大“天坑”，坑底乱石成堆，其中有两块不大的石头撑垫着一块巨石，眼看有一种摇摇欲坠之感，可千年不倒，巨石上长着茂盛的仙人掌，当地人把这巨石称作“仙人石”，仙人掌被尊为仙草，巨石成为村民烧香祈福的地方。中山这里是抗战的纪念地，1944 年，美国“飞虎队”的一架运输机不幸被日机击中，坠毁中山箐，机组人员全部牺牲，并长眠于此。离纪念地不远的阿娘佐小寨，地埂上还长着三棵大茶树，其中一棵高 11.7 米，根部最大径围 2.14 米，是目前漫湾古茶山中发现的最大的栽培型古茶树，树龄在 800 ~ 1000 年，每年可加工普洱茶 8 千克左右。2006 年进行古茶树普查时，它的照片非常漂亮，我把它称作“蛟龙出海”，可惜因不方便采摘，被茶主人断了枝，如今容姿不再。中山箐茶树有不少紫芽茶，当地人称“牛血茶”，我曾选用中山箐古茶为原料做的一款由盛世普洱公司出品的“无量山古茶”，仓储十年后参加广东省茶文化研究院等单位举办，面向全国评选“十年普洱中期茶星级评定”，获“五星级”，参加普洱市“十年中期茶”评比获银奖。中山箐古茶成为无量山茶进入“中期茶”转化最佳的茶山之一。

王家箐古茶园 位于保甸村，保甸河的上游。居住着石洞、龙潭、王家箐、麻栗林四个小组，四周群山环抱，只在保甸河流入保甸坝子的地方留有一个缺口叫石门槛（又名虎跳石），是“一夫当关万夫莫开”的险要之地，目前正在这里修建金鸡林水库。龙潭小组对岸的石洞小组居住在 300 多米的悬崖之下，每到早晨、下午四周能听到黑冠长臂猿的打鸣声。无量山深处有一个近百米高，十来米宽的大瀑布，当地人叫飙水岩，很远就能听到雷鸣般的声音，因极像《天龙八部》中琅嬛福地所描述的美景故被包忠华命名为“琅嬛瀑布”，是无量山最美的瀑布之一。王家箐茶园约有 600 多亩，数百年以上的有 400 亩左右。无量山深处有一片叫杨家屋基的茶园，根

中山箐大茶树

据杨氏家谱记载，清代中期杨氏一族从四川逃难于此，开垦种植面积有 100 多亩。后来杨氏迁至现在的王家箐居住，茶园也就被荒废，任其生长，有的长成参天大树，茶质虽非常好，只因在无量山核心区，无人管理，人们随意采摘，没有形成品牌。

文冒古茶园 位于文冒村，古茶树分布相对分散，总面积 400 余亩，主要分布在绿山村、火山村、洼子村、丙布村等，其中绿山村有一株大茶树，树围超过 170 厘米，树龄在 500 年左右。文冒在无量山一带最有名是漫湾糖厂和振文塔。文冒村分坝区和山区，山区 6 个村当地人称温岭山箐。在无量山半山腰有三座冲天而立的山峰，其中一座很像金字塔形状的叫温岭山。文冒因温岭山形似古代的官冒，取名文冒。文冒是个山美水美的好地方，有奇异的山峰，清澈的河水，是个有浓厚文化底蕴的地方。据考证这里是古乌蛮人定居的地方，大多居住在海拔 1800 米以上，村村寨寨都有古茶树，过去文冒古茶不被外界所知。文冒海拔最高的村是绿山村，海拔达 1950 米，绿山村和它的名字一样都是绿色的。绿山村原有 40 多户人家，近几年搬下山去一半，目前还有 20 多户人家，大部分都是彝族蒙化人，有一户姓杨的村民为汉族，但主人又说祖上是从大理迁来的白族。绿山村后山过去建有太阳庙，拜太阳庙是与蒙舍诏有关系的族人的信仰，蒙化人自称迷撒巴，迷撒：汉语读为蒙舍，巴彝语为人的意思，迷撒巴即蒙舍人，《蛮书》记为蒙舍蛮，现在称为蒙化人，蒙化人的故乡在蒙舍诏，蒙化人无论迁到那里都要建太阳庙或土主庙。①

振文塔，坐落在漫湾镇文冒村的文笔山。建于清道光十一年（1831 年），塔高 11.5 米，四方八级密檐式实心石塔，周宽均为 2.3 米，塔身向上微收，至第五级稍隆出，第六级至第八级又逐渐上收，四周有不同形状的浮雕佛像，塔向上渐小，八级塔檐从塔身上叠涩挑出，呈水平盖板状，塔刹为石葫芦形。塔上有阴刻行书题联一副："巍峨振起文明笔；安固坚培翰墨风。"塔顶生长着一棵近 4 米高的榕树，根入塔心生长，有"塔包树"的雏显。属市级文物保护单位，振文塔是景东保存最完好的三塔之一。

漫湾古茶山是与南诏国、大理国国都大理距离最近的古茶山之一，由刊木古道相连，是个深藏不露的文化宝地，是个人杰地灵的地方。

---

① 詹英雄佩著《茶出银生城界诸山——无量山》第 70～75 页

● 老仓古茶山

迤仓古村落

老仓古茶山位于景东县北部的安定镇，与大理州南涧县相邻。主要分布在无量山东坡，辖安定镇迤仓、中仓、外仓、民福、河底和文龙镇邦迈、义昌等村，是典型的彝族聚集区。

老仓古茶主要生长区域在海拔 1600～2100 米之间，年平均温度 11.6～14.6℃，年降水量 1280～1390 毫米，土壤为红壤和黄棕壤，沙性较重，非常适宜优质茶叶生长。共有生态茶园面积 2 万余亩，其中有古茶面积近 7000 亩。古茶园以地埂茶和满天星式种植。

无量山是世界茶树最早驯化、栽培、使用的核心区。老仓古茶山地处古银生城节度府周边的茶山，是中原文化、巴蜀茶文化传入云南最早的地方之一。

老苍古茶较大的茶树多种在地埂或是房前屋后，呈块状分布，稀疏种植，茶粮间作的茶园茶树相对更小些。这与人类农耕文化的先进程度有关。文化越悠久的地方，人口更集中，因人多地少，只能精耕细作，在茶叶没有成为大宗交易产品，以自用为主时，只能每家每户种几棵、几十棵，多种于地埂和房前屋后，不与粮争地，所以地埂上大茶树的集中度高。农田、古墓、古井、古宅、古树、语言、文字、民风民俗等综合要素是判断一个地方早期人类活动轨迹及种茶历史等的重要依据。

唐代樊绰以军事间谍的身份到南诏国写下《蛮书》，从书中记录内容推断，樊绰从大理进入保山，到临沧，从羊街渡或忙怀渡坐船渡过澜沧江，走过漫湾古茶山、金鼎古茶山，翻越无量山达景东（古银生城），再从景东城经老仓古茶山的茶马古道到南涧县的无量、宝华等地，到达弥渡后沿来时的路返回越南河内复命，而留下“茶出银生城界诸山。散收，无采造法。蒙舍蛮以姜、椒、桂和烹而饮之”的名句。从当时的历史背景看，“茶出银生城界诸山”是指银生城周边的诸山。

老仓古茶山的茶树品种很繁杂，有栽培型、过渡型、野生型，有大叶种、中小叶种，相互混种，而杂交产生诸多新变种，这也是无量山、哀牢山古茶品种的特征。

树龄在四五百年以上的多栽种在地埂和房前屋后，茶树较高大。相对连片种植的古茶树多为清代中晚期种植，品种较纯，多为勐库种和大理种，茶树多被砍过主杆。

老仓古茶树

云南古茶树经历 20 世纪六七十年代毁茶种粮和 90 年代全省推行的茶叶“低改”，把大茶树主杆砍了，留下 60 厘米左右树桩，今天现存的大茶树很多是当时“不听话”或“懒惰”的茶农有幸保存下来。

迤仓古驿站（三七厂）

在普洱市的无量山、哀牢山生长有七八十万亩的野生型茶树群落，野生茶有苦野茶和甜野茶（野生大理茶种）之分。在邦迈、义昌、河底等村发现有许多树龄在千年左右的野生大理茶种，为当地彝族先民从无量山原始森林中挖掘和采种育苗，栽种驯化而成，树型普遍比栽培型古茶树高大，树龄更长。这是一条茶树从自然野生茶树—人工栽培野生型茶树—过渡型茶树—栽培型茶树的进化、演变轨迹。依然保留野生茶的诸多特性，叶背面光滑无绒，茶味平和、回甘生津、高雅清香，色泽通透明亮等。也许是茶味相对于勐海茶更平和，缺少所谓霸气，及人们对清香为主要特征的普洱茶缺乏认知度的原因。这个类型的茶树 200 年以下树龄的茶树不多，也没有进行推广种植，因此淹没于众茶之中，没有引起人们的关注。

阿老贵古茶园是老仓古茶山中的翘楚，位于安定镇河底村的芭蕉河，种植时间应为清代中晚期，属无量山规模化种植较早的茶园。正因如此，景东县曾于 1963 年办的第一个县办茶厂就选择在这里，也就是现在景东县茶试站的前身。2000 年我带队对景东古茶资源进行调研，到了芭蕉河茶厂原址，只见两间低矮、破旧的栅片房，四周的墙用石头垒砌而成。倒塌的围墙外跑出一条土狗，见到我们就紧张的地咬。一对中年夫妇正在加工茶叶，他们家住 5 千米外的村子里，每到采茶季节就来这里住上一段时间。自制的揉茶机有些年份，说是当年县办茶厂的，已经有 50 多年历史，因为没有电只能用人工推转揉捏，我们好奇地试了几下，揉出的茶叶还可以。如今这个揉茶机陈列在普洱茶博苑，成为镇馆之宝。

当年来到这蛮荒之地办茶厂是因为这里有 200 多亩古茶园，传说是个叫阿老贵的地主所栽种。1963 年从四面八方抽派了近百个工人，安营扎寨，对已经放荒多年的老茶园进行管护，还新开垦种植了 200 多亩。也许太过荒凉，茶厂办了 2 年就停产并搬迁到县城附近了。

老仓古茶山在历史上曾几度辉煌。民国年间，爱国人士罗俊卿“因鉴于国家之贫弱，外货之输入”而“竭力提倡奋发兴起，多创实业，振兴实业以塞漏危而救国家”，遂开发创制“老仓茶”。民国十一年（1922 年）老仓茶经云南省勤业会审查评定为优等奖，时任省长的唐继尧签署并颁发优等奖章以示鼓励。

段家窝古茶园，位于距景东县城 30 多千米的文龙镇邦迈村，历史上这里是从银生城通往大理的交通要道，当年的茶马古道随着交通的进步已难寻踪影，但能想象曾经的喧闹与辉煌。

曾经统治大理国的段氏，把族人派往银生府镇守一方，是很正常的事。但到了元代，元统一了云南，大理国从此画上了终结的符号，而长期统治景东的段氏也退出了历史舞台。

朝代更迭，作为过去的统治者只能逃入人迹罕至的深山中，去延续家族的香火，也在期待着族人的复兴，段氏族人坚韧地在深山中生存下去，陡峭的大山没有让这群皇族后裔们退缩，他们开荒种地、种茶、狩猎。无量山上遮天蔽日的大树成为他们隐居的保护伞，清澈见底的山泉成为他们对家乡“洱海”的一种怀念，他们选择河边稍平一点的地方安家落户，用石头垒起房墙。后来段氏后裔与当地彝族人通婚，才迁出深山，因这地点实在太陡太小，后人称这个地方为段家窝。

但因段家窝当年种过茶，清末，有人进山在茶地里种大烟（罂粟），很多大茶树被砍了，到民国时期提倡发展茶业，段家窝再次种植茶园近百亩。这茶山归入老仓古茶山，也是无量山东坡的知名茶山。在老仓古茶中最出名的要数“阿老贵”茶园，与段家窝两地相距不到 2 千米，土壤、生态环境相同，段家窝的茶叶也就归入“阿老贵”茶系列。

中华人民共和国成立后，老仓古茶山的茶产业得到长足发展，茶叶面积发展到 2 万多亩。在计划经济年代建有集体企业文龙茶厂、安定茶厂。其中安定茶厂成为当时云南省四大国营茶厂下关茶厂和普洱茶厂的原料基地。

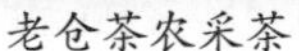

老仓茶农采茶

老仓地埂茶

● 御笔古茶山——隐藏着南诏国的皇家茶园

御笔山原名“景董山”，傣语是城边美丽的山，御笔山之名是明朝开国皇帝朱元璋所赐。明朝初年，傣族首领思伦发拥兵自重，发兵10万攻打景东城。当时，景东傣族土司俄陶率2万土司兵奋起抵抗有功，后来朱元璋征召俄陶入京受封，并授俄陶“诚心报国”的金腰带。当时，朱元璋边翻看景东地图边听俄陶讲述家乡的风土人情，俄陶把家乡的山河及风土人情向皇帝做了介绍；当俄陶介绍到自家住宅的后山如何俊秀灵气时，朱元璋握笔之手颤抖了一下，一点墨水便滴落到标有这支山的地图上，朱元璋问：“这支山叫什么山？”这时，随同进京的官员杨大用灵机一动说：“皇帝朱颜钦点的山，就叫御笔山吧。”皇帝大为高兴，即在地图中标上“御笔山”。从此，这支山便被称作御笔山。

美丽神奇的景东素有“中国黑冠长臂猿之乡”“银生古城”等美妙的称谓，景东的自然景观和人文景观很多，但有一个地方过去藏于深山人未知，直到2012年实施生态茶园建设工程，由包忠华深度挖掘其历史文化，2013年普洱市政府投资扩建了长地山和班崴山两条旅游公路，才被外界关注，揭开它的神秘面纱，迎来它的新春天。

御笔古茶山 位于国家级自然保护区无量山之中，主要包括景东县锦屏镇的班崴古茶园、五棵桩古茶园、菜籽地古茶园、邓家古茶园，文井镇的长地山古茶园、竹蓬古茶园等。

班崴古茶园位于锦屏镇山冲村委会班崴小组，距离景东县城9千米，海拔1700～2150米，有古茶园面积300多亩，生态茶园800余亩。2014年从县城通往班崴“高老庄”茶厂的公路修通后，原来的高老庄提升改造为当地知名的茶庄园，为景东增加一个新景区。

这里是真正让人惊叹“银生福地、无量景东”的地方，是景东自然景观和人文景观结合最完美的地方，是景东县城进入无量山腹地距离最近的地方，是景东夏季避暑最佳的地方，是景东在同一个位置能欣赏到无量山，哀牢山美景和银生古城最好的地方，是景东最容易倾听到黑冠长臂猿鸣啼的地方。

五棵桩古茶园 位于无量山深山中，距离班崴古茶园需行走近2个小时路程，现只有一条摩托车小路可进山，海拔1960～2150米，距离菜籽地古茶园4千米，距离邓家古茶园3千米，距离高老庄古茶园8千米，面积200多亩，最早种茶历史可追溯到1200年前。

唐贞元十年（794年）唐王朝与南诏和盟后，在景东设银生节度使，节度府衙设在银生城即今普洱市景东县城，银生城距离南诏国、大理国国都直线距离不到200千米，古时候人行只需3～4天时间。在银生节度时期，这里是府衙的官办茶园，当时把犯罪的人发配到此开垦种植茶叶，为了限制囚犯的活动范围，就在不同的地方立了5根石桩，后来人们就把这片茶山称为“五棵桩茶园”。五棵桩茶园的茶叶品种属于大叶种、中叶种、小叶种混植，其中最大的两棵高十余米，径围超过200厘米，一棵为大叶种，另一棵为小叶种，恰似一对夫妻树，人们怀念大唐盛世，就把这两棵大茶树称作“贵妃柳眉，玄宗望月”。过去有一条翻越无量山的“刊木古道”途经此地，这片茶地为南诏国、大理国的“皇家贡茶园”，因被隐藏于深山，直到2013年才被包忠华揭开它的神秘面纱。

进入五棵桩茶园，道路非常难走，从银生城出发需要一天的时间，沿着文果河而上，要经过亮石崖瀑布，瀑布高约60米，宽6～7米，从石崖的石槽喷泻而出，很远就能听到雷鸣般的声音，因石崖在月光下会发出亮光，得名“亮石崖瀑布”；瀑布再往前走的山路要从一个悬崖中间通过，稍有不慎就会坠入悬崖，这是进入五棵桩茶园的必经之路，被称为“思过崖”，有“悔过自新，回头是岸”的意思。

班崴古茶园

长地山茶园

菜籽地古茶园 位于文果河右岸，总面积300多亩，由5片大小不等的茶地组成，海拔1900～2120米，种植历史在800年左右。一种说法是当时发配的犯人，释放后留下来开垦种植的；一种说法是后来一些逃难的人开垦种植的。在很长一段时间里被荒废，成为原始森林。据当地高大爷讲：“如今居住在班崴村的高姓等人家是从四川迁往昭通，后几经周折于清朝末期迁到菜籽地开荒种大烟（罂粟），当

长地山彝族姑娘采茶

黄草岭风光

亮石崖瀑布

时茶地已经荒废，有许多大茶树一个人都围不过来。发现后我们就进行采摘管理，也补植补种了一些茶叶，直到1949年10月后才陆续迁出来到班崴村，但一直都去采摘茶叶，这里的茶叶品质特别好。”

邓家古茶园 位于文果河左岸，总面积500多亩，由2片茶地组成，海拔1800～2000米，种植历史在300年左右，是由当地一家邓姓地主在清代开垦种植的，现在茶农开挖一条摩托车通道，从班崴古茶园—邓家古茶园—五棵桩古茶园，通道非常陡。但目前景东县已规划将修建一条旅游公路，这里将会成为无量山旅游的新亮点。

长地山古茶园 位于国家级自然保护区无量山深处，是景东县文井镇丙必村一个名副其实的高寒山村，有71户人家，人口265人，离县城27千米，海拔1700米左右。

长地山背靠无量山，古朴的村子犹如坐落在一把椅子上，南北延伸的小山就像椅子上的扶手，俯瞰着川河坝子，一副美丽的田园风光。登上村后的小山，西面是无量山群峰，层峦叠嶂、犹如万马奔腾。走上几百米就进入了无量山核心区，古茶树旁生长着娑罗树、红豆杉，漫山遍野的山茶花、马缨花等名贵植物，还有长臂猿、黑熊、马鹿、岩羊、獐子、孔雀、白鹇、锦鸡等珍稀动物栖息于此。

长地山的村民世代以种茶为生，智慧

的长地山茶农培育出“普景 1 号”茶叶良种，已经在云南很多地方推广。长地山人因较早摸索出一套茶叶嫁接技术，成立嫁接专业队，在云南很多茶区都能见到他们的身影。长地山寨子后有两棵大茶树，每年春茶开采时都会举行一个盛大的开采节、祭茶祖仪式，已成景东县一个特色活动。

长地山东面远处是国家级自然保护区哀牢山，蓝天白云下绿色的群山一直连接到了天际，让人看不够也看不完。

春天，核桃花、板栗花、桃花，以及各种山花盛开，小鸟在茶园里到处飞舞，鸟语花香，让人仿佛走进一座大花园。

夏天，是最热闹的时节，长地山的樱桃、杨梅熟了，很多外村人到那里帮忙采茶收果，景东县城到长地山只有半小时的路程，海拔从 1100 米上升到了 1700 米，人们从酷热的坝子来到凉爽的山里，通往村子的公路上来往着各种车子，到处欢声笑语，这里成了一座花果山、避暑圣地，人们慕名而来，品尝着新鲜水果，享受一顿特色美食，流连在绿色里，用相机记录下秀美景色。

秋天，茶叶还在不知疲倦地发着新芽，高大的核桃树、板栗树在头顶上挂满了成熟的果实，在计划经济时代，长地山是吃国家商品粮的农村，今天在长地山你很难看到一亩种粮食的土地，但人们吃的是优质大米，长地山人均茶叶收入上万元，私家车、各种电器进入了普通家庭，人们脸上总洋溢着单纯、幸福的笑容。

冬天，雾和樱花是这里独有的景色，雾里看花，变化神奇，时而像无边的大海，村子犹如悬浮在空中，有一种飘飘欲飞的感觉，似人间仙境。山里人家都要杀年猪，择个吉日邀亲朋好友一起杀猪过年，装香肠、吹泡肝、腌腊肉、压火腿，是一年里最热闹的日子。现在城里人很难吃到用玉米和猪草喂大的生态猪肉。放养在茶园里的无量山乌骨鸡，肉质鲜美，到山里采些刺包菜、大麻菜等山珍，就像在自家菜园子摘菜一样平常，这些都是舌尖上的美食。

竹篷古茶园　位于文井镇竹篷村，属无量山边缘，海拔 1500~1700 米，茶树属满天星式的连片开塘种植，面积 400 多亩，有一部分是清代晚期种植，一部分为民国时期种植，还有一部分为 20 世纪60 年代集体化时种植，因离村子较远，茶园管理不是很好，茶树相对较小，也是目前御笔古茶山中知名度较小的茶园，但随着交通的改善，竹篷古茶一定会被外界认知认可。

● 凤凰古茶山——普洱市最具潜质的茶区

位于哀牢山下段东坡的普洱市墨江县团田、景星、新抚、通关、文武、龙潭、鱼塘 7 个乡（镇），是一个以茶叶生产为主的多民族高寒贫困山区，是国家深度贫困地区。一个点子，一个文化创意，改变一座茶山的命运，使数万人走向产业脱贫致富之路。

“凤凰文化”点睛墨江茶产业

凤凰窝

凤凰岭

2014 年在普洱市茶业局工作的包忠华，带领李国标（白马非马）等一行到墨江县挖掘茶史文化。从墨江通关到景星、新抚再到团田，一路都是绵延不绝的森林与茶园。据了解，墨江共有 23 万亩茶园，其中有古茶园 5 万亩。从 2010 年开始，墨江县 4 年时间建成了北回归线上最大的生态茶园，成为了普洱市生态茶园建设的排头兵。为了打好茶产业的底子，墨江县在建成生态茶园的基础上又启动了有机茶园转换工程，规划用 5 年时间发展有机茶 5 万亩，目前取得有机茶园认证 3000 多亩。

古茶园属于稀缺资源，就拿墨江县这个古茶资源富集之地来说，有古茶园 5 万亩，而近几年的古树茶热，市场有意无意对台地茶进行“妖魔化”，说其不具备品饮价值，是农药与化肥催出来的茶，多喝有害健康，致使台地茶价长期低迷，许多台地茶园无人采摘，大面积抛荒。为改变这种现象，普洱市加大投入，对台地茶园进行低效茶园改造，对一些品种不好的进行良种嫁接，对台地茶进行稀疏乔木留养，实施生态茶园、有机茶园认证等工作。但如何用一种文化来挖掘构建一座区域性茶山，提升品牌价值的思路，一直萦绕在包忠华心头，两天实地调研总是理不出头绪，从哪里切入？凤凰窝、迷帝贡茶、须立贡茶……

第三天早晨，当他走到一个山梁，看到山坳里有一片古茶园，一条小溪从谷底流过，谷中发现一片近百亩的古茶，其中路边有两棵茶树算是这几天发现最大的，突然一个灵感现出，打“凤凰文化”牌。凤凰每天晚上住的地方叫凤凰窝，凤凰每天喝水的地方叫凤凰谷，凤凰戏情开屏的地方叫凤凰屏，凤凰翱翔盘旋、登高望远的地方叫凤凰岭，这支横跨 7 个乡（镇）的山就叫凤凰山。把这个设想跟大家一讲，都说这创意非常好，后来当地一位领导说景星有棵要七八个人才能抱得过来的千年梧桐树，这更是契合了创意，俗话说“栽有千年梧桐树，引来金凤凰”。

墨江县集中连片、树形高大的古茶园不多，大多数古茶园都是以几十亩、100 ~ 200 亩为 1 个单元，而且这些古茶树大都遭过数轮台刈，显得较为矮小。因此，墨江县的古茶园开发走整体规划，抱团发展之路：以迷帝茶、须立茶两大贡茶，以及凤凰茶为爆点，以景迈山为参考示范，引导茶农、企业进行仿古茶园利用（稀疏乔木留养）。可以预见，再过几十年，随着覆荫树长大，现在的台地茶就过渡成了仿古茶园，这项工作可谓功在当代，利在千秋。

构建大茶山理念，打造大茶区经济，形成从顶级古茶园到一般古茶园，再从生态茶园到有机绿色园这样的梯次开发格局，以茶产业为牛鼻子，布局中长期规划，走茶旅融合之路。

阿墨江以西有 7 个乡（镇），共有 7.98 万亩用来打造“凤凰山普洱茶”的区域品牌。从自然条件看，同处一山，土壤、气候、植被都近似，民族民俗文化相近，茶叶种植方式、品种相似等综合要素考量，在凤凰山茶区的品牌大旗下，从大交通、大产业、大旅游的长远布局进行规划。分级再提炼不同小众品牌茶山，形成大品牌下众多品牌的多元化。如以凤凰窝、凤凰岭、凤凰屏、凤凰谷、凤凰尾、水之灵、迷帝贡茶等为一线品牌，以团田乡凤凰萨露，通关镇凤凰拐杖茶等一批古茶园为二线品牌及三线品牌来系统构建。

这里可以借鉴易武茶区的经验，在易武茶区的品牌大旗下，形成刮风寨、丁家寨、落水洞、一扇磨、麻黑、蛮枝等小众品牌，以大带小，以小推大。

“迷帝贡茶”的前世今生

迷帝古茶园位于新抚乡界牌村米地，共300亩左右，保存完好，被当地人称为“皇家古茶园”。米地茶因曾经迷住乾隆皇帝，又被称为“迷帝茶”。米地种茶至少有五六百年历史，因属“皇家茶园”，在历史的长河中才避免被毁的命运。

古茶园相传为界牌大户赵家所建，赵氏家谱载“募人百户，种茶千亩”。赵氏后人赵思伟介绍：“我家在界牌村委会的会佘组，属于赵氏家族之后。迷帝古茶园主要分布在米地、破木、会佘三处。最老的茶园在米地，这里海拔1300米，有500年左右的古茶园300余亩。破木有30亩，会佘有50亩，都是200年左右的茶树。我家所在的会佘到米地直线距离不到300米。我们祖籍江西，先人从景东迁来这里，但好的土地要用来种粮食，米地是个小山凹，最初是赵家用来种植小米的，也就取名字米地，后来改种茶叶。在当地，赵家是大户人家，也才有条件把自家茶叶作为贡茶。由于战乱，赵家被田政追杀，此后米地茶也就衰败了。田政别名田四浪，是滇西南‘红白旗之乱’时的哈尼族著名起义军领袖。”

明末清初时期，“米地茶”就相当有名，“塘上街”也因米地茶成为当时最繁华的驿站。时至清乾隆年间，米地茶作为贡茶进贡北京，乾隆皇帝品米地茶后，十分赞赏，说：“朕品茗无数，唯他色香俱佳。”并赐旨“瑞贡京师”。自此，米地茶真正成为清廷贡茶，岁岁进贡，直到咸丰年间。古普洱府的文人们就使用谐音称为“迷帝贡茶”流传开来。现在，墨江县将迷帝贡茶作为一张名片来打造。

这4个乡（镇）从历史上看，都是位于从宁洱到通关，经过墨江前往镇沅与景东的茶马古道上，在久远的过去就被古道的文化与商贸连接在一起。从民俗与文化看，这几个乡（镇）深受南诏文化的影响，与阿墨江以东的几个乡（镇）受临安（建水）文化影响明显不同，在民族构成、民俗与茶文化上都差不多；从山川地理气候来看，哀牢山从景东、镇沅逶迤而来，由北至南穿过这几个乡（镇），因此这个大茶区都属于哀牢山腹地，海拔、气候、土壤、植被及所产茶叶品质都有极大的相似性。

景星是墨江种植茶叶最早、古茶面积最大的地方。这里也是云南现代制茶业的一个发祥地，建于1937年的新华茶厂，被誉为“思普地区第一家规范茶厂”。景星茶因得天独厚的种植条件、大面积的古茶园、长期积淀下来的茶叶加工技术而久负盛名，随着古树茶的崛起，景星凤凰茶因尊贵的品质为外界所知。墨江新华茶厂从福建请来制茶师傅加工炭焙红茶，是云南最早生产炭焙红茶的茶厂，景星红茶曾在 20 世纪 40 年代风靡昆明和重庆，同时也是宋美龄在重庆期间最喜欢喝的茶叶。

茶最早种于何时？由于墨江的主体民族哈尼族没有文字，历史上的古茶园大都被毁，推测墨江的种茶历史应该有千年之久。墨江县与镇沅县山水相连，但镇沅县部分地方过去属于景东管辖范围的大茶树保留较多，而景东在 1914 年前一直归属大理府管辖，墨江、宁洱、思茅等由普洱府管辖，特别墨江县距离昆明更近，茶叶走私严重，普洱府对这些地方的茶叶采用“茶树税”来管理，收取沉重的赋税，迫使茶农毁掉茶树，达到“坚壁清野”的效果，而在方便管理的西双版纳等地方进行规模化种植茶叶。

凤凰窝

景星真正有据可查的连片种茶始于 19 世纪，而到了民国年间，景星茶迎来了它的辉煌时期。民国时期在李子忠的带领下，于 1937 年在景星的新华村种了 30 多万株茶，并建立了思普地区第一个规范茶厂——新华茶厂，开启了云南现代制茶业的新篇章。

李子忠（1904—1951 年）又名李尽臣，云南墨江人，20 世纪 30 年代先后任过墨江县建设科长，云南省民政厅边疆行政设计委员会委员等职，并被选任墨江普益社社长，1937 年，他倡议兴办茶叶事业，约得庾恩锡、聂雨南等 20 余人为股东，筹集股金 6 万银元，在墨江县景星区班晓开办了茶场，他担任经理，当年边开垦边种粮食，为茶场职工提供口粮，第二年开始种植茶树，1942 年茶场职工达 40 人，他从浙江请来两名制茶技师。庾恩锡（字晋侯）墨江碧溪人，1929 年 9 月任昆明市市长，后辞官开办实业，创办烟厂生产“重九云烟”，把景星茶叶销往昆明、重庆等地。

“凤凰涅槃”的墨江茶

景星镇以凤凰茶的名义，意欲谱写墨江茶的新篇章。景星位于凤凰山茶区的中部，拥有8000亩古茶资源和2万多亩台地茶，加上其优良的制茶传统，近几年来声名鹊起，成为墨江县卖价最高的茶，打造一张全新的名片，以凤凰茶区与凤凰文化的名气来带动大茶区的崛起。

凤凰窝

打造凤凰山古茶山，先盘点景星等乡（镇）的茶资源。凤凰古茶山有2万多亩古茶树，1949年10月后到20世纪80年代种植有3万多亩群体品种，这3万多亩群体品种，只需进行稀疏乔木留养，是做普洱茶的优质原料基地。而90年代以后种的3万余亩无性系良种以加工绿茶和红茶为主，也可进行良种嫁接改造。

凤凰谷

凤凰山之所以拥有那么多优质古茶，主要跟当年李子忠在这里定植了30多万株茶树有关。由于凤凰山茶继承了景星在清末与民国年间种茶与制茶的优良传统，借助百年的积淀，才在近几年爆发。我们弘扬凤凰山茶文化，不仅仅是宣传民间传说，更是在继承与发扬景星悠久的做茶历史与文化。

凤凰屏

以凤凰山茶区策划思路为蓝本，墨江县将根据凤凰文化创意，布局命名凤凰窝、凤凰谷、凤凰岭、凤凰屏等地名，结合当地优质古茶园的实际情况，遴选四块顶级古茶园将之分别打造成凤凰窝、凤凰谷、凤凰岭、凤凰屏古茶园，每片古茶园再辐射带动 2000～3000 千亩茶园的发展，加之迷帝贡茶、凤凰萨露辐射作用，从而使得凤凰山大茶区能够辐射近 10 万亩的古茶与生态茶。

如今，久负盛名的古茶之乡、普洱市现代制茶的策源地——景星镇，将以“凤凰茶区”的崭新面目屹立于茶界。政府正在积极搭建“凤凰山古茶山”，以凤凰山普洱茶的打造为主题，名优茶企编组“凤凰传奇军团”，创造景星乃至墨江茶的全新辉煌。

景星太阳茶厂是墨江最大的茶企之一，创建于 2005 年。2009 年太阳茶厂进入景星镇建基地。当时，台地与古树混采，茶农采了一天的鲜叶，因到晚上才交而捂坏。太阳茶厂提升收购价，改成中午、晚上各收一次鲜叶。2009 年太阳茶厂就在景星组建茶农合作社，当时已辐射茶园 2100 亩，并于 2013 年投资 260 万改建成一个高规格的初制所；在创意凤凰山时我告诉赵总：“谁注册凤凰山茶叶有限公司一定会有品牌价值”，2014 年他抢得凤凰古茶山构建的先机成立墨江凤凰山茶叶有限公司，目前有茶叶基地超过 5000 亩，以凤凰谷、凤凰屏古茶为爆款，成为凤凰山上的明星企业。

而位于景星新华村大平掌的新华茶厂规模要小些，但其拥有墨江茶最核心的资源——创建于 1937 年的新华茶厂这块金字招牌，并拥有李子忠时代传下来的炭焙茶，即烤笼制茶工艺。民国时的新华茶厂早在 1949 年 10 月后就更名为墨江茶厂，厂址几经搬迁，最后入驻墨江县城。新华村委会所在地的地形极像凤凰的尾巴，曾经是新华茶厂的厂址，如今被称为“凤凰尾”古茶园，由普洱新华国茶有限公司和普洱穆徕茶叶有限公司使用。

凤凰窝里飞出“金凤凰”

创造墨江茶卖价最高纪录的是景星新华村洒次小组的凤凰窝茶，凤凰窝古茶园位于海拔 1628～1870 米，树龄有 160 多年的，茶地面积近 70 亩，有古茶树 20196 棵，茶园及周边到处都是柏树。故有人说，凤凰窝的茶最迷人之处在于独特的柏枝香，香气独特，冷杯香持久。凤凰窝地处新华、景星、涵德 3 个村子的交界处，周围都是原始森林，生态环境好。

在新华村洒次小组，2012 年成立的墨江县景星镇洒次茶叶种植农民专业合作社，是云南省数千个茶叶合作社中最特殊的一个。合作社理事长文红给我们讲起了凤凰窝茶的前世今生。

中华人民共和国成立前，凤凰窝做晒青茶，拿到景星街卖，因为树龄大，口感好，在景星街价格卖得最高，有名气，是李子忠茶厂的头牌。在景星，凤凰窝茶园是最老的。茶园曾经是一个地主种的，1949 年 10 月后，长期缺乏有效管理，长满杂草和树，后来这支山和茶园划给洒茨寨子。包干到户时因这地方离村远，树大林密，不好管理，一般土地多的人看不上，大家喜欢种产粮食的地。茶也不值钱，也没有去管理。分林地时也按荒山分给了几户人家。

直到 2006 年普洱茶热起来后，几户茶农才去管理，2011 年以后才发现凤凰窝茶的特殊价值，2012 年小组决定把这片茶山由集体统一向几户农户回购，进行包装打造，作为全小组的集体财产，专门成立洒茨茶叶合作社。

洒茨小组有农户 47 户，人口 214 人。2011 年前小组人均收入不到 3000 元，是景星镇的贫困组之一。

这几年洒茨小组通过凤凰窝古茶带动，全组茶园都进行乔木留养，使茶叶品质得到非常大的提升，台地茶从过去不到 50 元 1 千克，现在改造后乔木茶达到三四百元 1 千克。

合作社的近 70 亩茶园进行统一管理、统一采摘、统一销售，采茶按每千克 40 元的采工费付给社员，平时合作社两户人家轮流看护茶园，七天一轮换，一人一天合作社付工钱 100 元，2017 年和 2018 年合作社投资 140 万元建成了初制所。2018 年合作社社员户均年终分红 6 万元，采茶和看护茶园收入户均 4000 ~ 5000 元。

组民除合作社的 6 万多元收入外，每家还有 8 ~ 10 亩的生态茶园，户均还有 4 万~ 8 万元的收入。这几年全组大多数农户年收入超过 10 万元，成为凤凰山上知名的富裕村，家家建了新房。合作社在做活做强集体经济的同时，还带动周边村的茶农对茶园进行改造，带动大家致富。

凤凰窝茶之所以好喝，是因为周边都是原始森林，生态环境良好，土壤条件好，茶树呈满天星式种。站在半山腰，一眼望去，“凤凰窝”的面积不到 100 亩，就是那么一个山坳，但在蓝天白云的衬托下，绿油油的古茶园显得生机盎然，朝气蓬勃。

当初我在策划凤凰山茶时，在景星街后山顶有一片古茶园，面积近200亩。在街头建有水之灵茶叶初制所，因这地处凤凰山最高处，就命名凤凰岭，这里不仅茶好，自然风光也非常的迷人，站在“凤凰山”之巅，鸟瞰远方，脚下是8000余亩古茶园和数万亩生态茶。瞭望远方，那气势磅礴、连绵不断的群山，还有那一望无际茶山，真美！

凤凰山古茶园

墨江生态茶园

李泓应创建的墨江县景星水之灵茶业庄园，2017年，荣获普洱市第十五届普洱茶节斗茶大赛古树晒青茶“金奖”后“一泡成名”，成为仅次凤凰窝的凤凰山普洱茶品牌，在企业自身得到快速发展的同时，带动了周边200多户茶农经济的发展，成为当地一个茶叶与旅游相融合发展的典范。

从2015年开始，普洱新华国茶公司力推凤凰山古茶，在一些全国性会议用它制作“凤凰山古茶”纪念茶，2017年的中国普洱茶节纪念茶专用凤凰山古茶做，成为市场上的热销茶；茶节举办斗茶大赛，“十年中期茶”和“当年晒青茶”的金奖分别被凤凰山普洱茶的凤凰屏（新华茶厂）和凤凰岭（水之灵）斩获。2018年3月26日在昆明举办了普洱市凤凰山普洱茶品牌建设新闻发布会，提高消费者对普洱区域品牌和企业品牌的认知度，全面推动凤凰山茶区又上一个新台阶。

墨江茶产业在凤凰古茶山的引领带动下，成为普洱市近年来大茶区茶农增收最快的地方，凤凰屏、凤凰谷、凤凰岭等名茶山茶价在2015年的基础上，到2019年增加了3～4倍。外地茶商进入凤凰古茶山，知名的大企业开始做凤凰山古茶，凤凰山成为近几年来最热的大茶山之一。2019年凤凰茶带动团田、新抚、景星、通关等乡（镇）茶农、茶企每年在原基础上年增收5亿元左右，成为当地人民增收的主要经济来源，成为农民脱贫致富的好产业。

● 老乌山古茶区——中国藤条茶之乡

在澜沧江中下游两岸的临沧与普洱一带有一种云南茶叶栽培史上的奇葩——藤条茶，这是云南先民劳动智慧的结晶，是古代茶农根据云南气候条件、乔木型大叶种的特性，以及传统普洱晒青毛茶的制作特点而总结出的一套茶树采养模式，成为一项中国农耕文化的茶叶园艺作品，是云茶古代商品化的活见证。

藤条茶不是茶叶品种，而是一种留养模式。这种模式的茶树老叶片很少，主干一般留 2～3 米高，岔枝多而下垂。一根根细藤的下段多裸身无叶，只有藤条尖顶长着几个嫩芽和几片嫩叶。

藤条茶的名字最早是在詹英佩老师写的《茶祖居住的地方——云南双江》中提出并作介绍。包忠华在 2013 年调研发现，临翔区的昔归古茶园，双江县的大户赛、小户赛，镇沅的勐大、振太、按板等地，景谷县小景谷，澜沧县小坝等地都有大量的藤条茶，但没有人更多关注。

老乌山古茶园

老乌山藤条茶

2015 年包忠华与白马非马、李琨一起构建策划“老乌山——中国藤条茶之乡”时，较详细的解读了藤条茶的形成过程、特色优势及历史文化价值。

在澜沧江的东岸，无量山主山系纵贯南涧、景东、镇沅 3 个县。而沿澜沧江东岸有一座长百余千米的支系，在金鼎山与无量山分岔，被称为“二无量”。

“二无量”跨景东的漫等、景福、大朝山东镇，镇沅的勐大、振太，景谷县凤山、小景谷等地。

将藤条茶作为核心名片来宣传，是要冒点风险，同时需要足够的认识和勇气。

藤条茶鲜叶采摘后，因留下的老叶子较少，茶叶在冬季休眠期对叶子与枝条的养分消耗少，在开春发芽时，养分集中供给枝梢，所以藤条茶发芽时发的更集中，产量更高，茶味也更独特。

中华人民共和国成立以来，云茶产业提倡发展台地茶，普洱茶的传统采养模式被抛弃，追求高产量、有卖相、讲嫩度的绿茶化管理模式，很多老茶园被台刈改造成丰产茶园。

到了2003年普洱茶兴起之后，随着原生态与古树茶的价值被挖掘出来。当云南茶叶摆脱了现代过度干预的绿茶思维，回到老祖宗的传统种法，这样一来被低估与“妖魔化”的藤条茶就走到前台。

藤条茶背负着“疯狂追求产量与过度采摘之典型”的骂名闯入人们的视野。

很多专家、学者与游客看到采摘后的藤条茶树，平时周身无芽、少叶，认为这是一种杀鸡取卵、掠夺式的采摘行为。而茶农给茶树松土、除草、施肥，也被指责为片面追求产量的行为，被误解。其实，这是云南多少代人的经验总结，是结合茶树的生长特性、普洱茶之原料——传统晒青特性，以及茶区气候特点而总结出的一套古老采养经验。

包忠华以前在普洱市茶业局工作，镇沅、景谷、景东都到过，都是直接去单个的山头，没把无量山系的“二无量”走通。2015年大年初三，与李琨从景东的漫湾出发，沿着无量山一直向南走，经过的地区属于历史上景东县的西五区、南五区（南五区在1958年1月左右划给了镇沅、景谷两县），即沿着漫湾、林街、景福、大朝山东镇、里崴、勐大、振太、小景谷、凤山，用3天时间顺着有茶山的山路走，人们把这支山习惯称为“二无量”，山的最高顶和核心区为老乌山，为了方便统一宣传打造，就把它统称老乌山古茶。

这一片区，气候、海拔、土壤、品种、种茶历史类似，茶叶总面积近20万亩，以藤条茶为主的百年以上古茶有4万多亩，呈现种植密度不高，小区域分布的特点。老乌山藤条茶其枝条如柳条般纤细，可随风舞动，宛若众仙女聚于云雾之中翩跹起舞，枝似藤，韵如柳，被当地人以“藤子茶”“柳条茶”等称谓，藤条茶在采茶时是顺枝条勒下来，再进行分拣，茶叶中常带有马蹄，茶叶条索肥壮、芽头肥大、汤色黄亮，苦底较重，入口醇滑，香气高扬，回甘持久，茶叶仓储进入中期茶转化品质好。

以老乌山古茶区的名义，打造全球最大的云南传统采养茶区——中国藤条茶之乡。老乌山自古为景东辖地，以老乌山为核心的茶区南北直线距离60千米，可包括景东的大朝山东镇，镇沅的按板、振太、勐大，景谷的小景谷、凤山、民乐共7

个乡（镇）。当地居民以汉族、彝族、哈尼族、拉祜族等为主。海拔 1400～2200 米，年平均气温 14℃左右，年降雨量 1390～1502 毫米。

“他山之石可以攻玉”，就茶叶而言，对茶区进行整体综合性开发，打通茶产业、旅游产业与文化产业的边界，用庄园经济、世界文化遗产来打造最具特色的名片等方面来看，景迈山是云南茶产业深度开发的一个难以逾越的高度，具有广泛而深远的范本意义。

构建老乌山大茶区，就是借鉴景迈山模式对古茶山进行综合性的深度开发。过去这一带是以乡（镇）为单位分别打造，景谷打造文山古茶山、秧塔古茶山、南板黄草坝古茶山，镇沅打造老乌山古茶山、振太古茶山、勐大古茶山等，这些古茶山多以行政名称为主命名，文化挖掘不够，不利于品牌推广。在大茶区整体打造之下，可以学习易武茶区的经验，像易武大茶区下推介弯弓、麻黑、刮风寨等顶级品牌。我们可以在大老乌山茶区之下推出文山、秧塔、苦竹山、打笋山、罗家村、大石寺、和尚寺等顶级古茶园。

老乌山不但拥有雄奇瑰丽的自然风光，澜沧江从旁边奔腾而过，古时为银生节度故地，是“茶出银生”的地方，也是南诏文化、中原文化与傣族文化的融合之地，自古当地人重视文化教育，农耕文化发达，拥有凤岗、按板等多处盐井，也是藏传佛教、南传佛教、道教在云南交汇的一个分水岭。

以“刊木古道”为主道连接各条马帮盐道，各路马帮往来于山涧，这里盛产的茶叶与盐巴被驮往四方，繁荣的商品贸易催生了对茶叶的巨大需求，在古代老乌山的先民们就长期种茶，探索出了一套兼顾产量与养护茶树的独特的采养结合方式。

古道悠悠，马帮的铃声曾经响彻无量山深处，此情此景只能去想象过往的岁月。如何将老乌山打造成普洱市继景迈山、凤凰山之后又一座区域性名山？

随着墨江—临沧高速和景谷—宁洱高速的建成，在大交通的格局下，针对老乌山涉及景谷、镇沅与景东 3 县，以茶文化为突破，以交通为纽带，为避免打造与宣传各自为政，缺乏整体高位规划，以及没有找到自己核心价值之弊端，只有在市委、市政府的顶层设计统筹，整合 3 县在无量山系（俗称二无量）的古茶资源，以横跨镇沅、景谷两地的老乌山为核心，打造老乌山古茶山，并将藤条茶作为最核心的资源与特色进行深入挖掘、整理、开发与宣传，使之建成“中国藤条茶之乡”。同时结合刊木古道和茶马古道遗迹、皇家盐井文化、振太古村落等对其深度挖掘，打造又一张“茶旅融合”的新名片。

● 千家寨古茶山——世界野生型茶树王之乡

千家寨古茶山位于云南省西南部的哀牢山中段，镇沅彝族哈尼族拉祜族自治县为更好地打造当地名山，倾力打造千家寨古茶山及千家寨旅游业。千家寨古茶山包括镇沅县九甲乡和者东镇，主要茶山为千家寨野生茶群落、九甲古茶园、者东东洒古茶园等。

在清咸丰同治年间云南爆发了以杜文秀和李文学领导的少数民族起义，前后历时长达近 20 年之久。而集聚在哀牢山的彝族、哈尼族等义军及家属 5000 余人，在哀牢山深山中安营扎寨反抗清军，因而得名“千家寨”，如今山寨、山门、战壕遗迹犹在。

千家寨位于镇沅县境东北角，哀牢山自然保护区西坡，海拔 2000～3137 米。千家寨群山起伏，林海莽莽，古木苍苍，蔽日遮天。蜿蜒流淌于原始森林中的嘟噜河水，四季清亮澄碧，明洁如镜。

从哀牢山上汇流成多条支流，最大的两条形成“大吊水”和“小吊水”瀑布，大吊水是嘟噜河水的源头，从哀牢山奔泻而下，从陡峭的悬崖上飞流直下近百米，水石相击，水声如雷，飞珠碎玉，雾气腾腾，弥漫河谷，经阳光斜射，幻变彩虹，瑰丽夺目。

千家寨野生茶树群落　面积近 20 万亩，为世界上最大的野生茶树群落。其中有一号野生大茶树，树高 25.6 米，茎干胸围 2.82 米，树幅 22.0 米 ×20.0 米。1996 年经专家考证，推断树龄为 2700 年，是至今发现的世界上最古老的野生茶树，被冠以“世界野生茶树王”的美誉。千家寨野生茶群落受《古茶树保护条例》保护，不准砍伐、移植、采摘等有损茶树生长的行为。

九甲古茶园　九甲镇是个美丽而神奇的小镇，是世界茶人祭拜茶王的圣地，是人们探访苦聪文化的地方；位于镇沅县东北部，距县城 77 千米。九甲乡境内有 2000 多亩古茶树和 3000 多亩生态茶园，是“世界茶源”的中心区域。有多姿多彩的民俗文化，有美丽壮观的九甲梯田，遗存的茶马古道和古道上的风雨桥，诉说着悠久的历史。在九甲镇，每逢重大节日，烤百抖茶、杀戏同场表演，以增加当地节日的欢乐气氛。杀戏是流传于当地民间一种原始而古老的戏剧。因其所演剧目多有砍砍杀杀的场面而得名，据说，杀戏是在唐朝时从内地传入当地而流传至今，因长期封闭于哀牢山腹地之中演唱，受当地地方语言、民间音乐的影响，杀戏的唱腔带有明显的方言土语韵味，有彝族、拉祜族的山歌元素。杀戏是目前云南省内独一无二的民族民间稀有戏种，已列入省级非物质文化遗产保护名录。哀牢山的自然生态在中国乃至世界都属保护最完好的地方之一，是个神奇的地方，能让人体验到一种亲近自然的感悟，一种远离城市喧嚣的宁静，一种沐浴心灵的超脱。形成以世界茶树王为核心、以自然风光为基础、以民族文化资源为依托，打响“拜世界茶王、探苦聪文化、观九甲梯田、赏九甲杀戏、品九甲古茶”的品牌。

东洒古茶园　东洒村地处者东镇北边，国土面积20.26平方千米，海拔1700～2040米，年平均气温17℃，年降水量1280毫米，属哀牢山深处的高寒、民族、贫困村。登上东洒后山顶，背后是莽莽的哀牢山国家自然保护区，一条从玉溪新平连接九甲乡的经济干线公路从村里穿过，开春后公路两旁杜鹃花、山茶花盛开。东洒古茶园外界知道的极少，可它在普洱是一片很特殊的茶园，面积近200亩，品种90%左右为乔木型中小叶种，是目前普洱境内发现品种最纯、面积最大的小叶种茶园。

千家寨2号野生型茶树王

千家寨大吊水风光

相传，清代后期和民国年间，哀牢山高海拔地区非常适宜种植“大烟”，即罂粟。很多四川人来到这里种植大烟，一户姓李的人家靠种大烟和贩卖大烟发家。20

世纪三四十年代，恰逢民国政府倡导发展茶业。东洒村过去有条从镇沅县者东翻越哀牢山到玉溪、昆明的茶马古道。李财主就让经常路过东洒的马锅头帮购买茶种，马锅头不知从哪里弄来几驮茶籽种，李财主育下茶种，种在后山大烟地里。后来发现这些茶叶叶片很小，采茶很不方便，但茶质很好，有特殊的韵味。1949 年 10 月后这片茶园为村集体所有，几经转包，但效益都很不好，茶园管理也较差。20 世纪 80 年代镇沅县五一茶厂发展茶叶，向外购买茶籽育苗，因茶籽种紧俏，被不良商人把东洒的小叶种茶籽采来混卖给茶厂，几年后五一茶厂发现很多混种的小叶种茶。这让茶厂非常犯难，后来在专家的指导下，生产出五一绿茶，所形成的特殊香气在全国绿茶中有很高知名度，后来发现主要是这些小叶种的功劳，这成了一个“弄拙成巧”故事。东洒古茶园同样是个“弄拙成巧”的案例，只是目前不被外界发现关注，也许几年后东洒古茶园会成为普洱茶界的“香饽饽”。

哀牢山风光

● 邦崴古茶山——世界过渡型茶树王之乡

邦崴古茶山位于澜沧县的富东乡，地处澜沧县、景谷县、临沧市的双江县交界的澜沧江畔，距澜沧县城140多千米。邦崴古茶山以邦崴村发现1700年世界过渡型茶树王而得名，年降水1100～1300毫米，海拔在1640～2100米，年平均气温16.8℃，阳光充足，气候温和，夏无酷暑，冬无严寒。土壤为红壤土，土层深厚、肥力好。植被为山地常绿阔叶林，村寨、农田、茶园四周植被保护完好，茶园散落在森林中，村寨分布在茶林间，山有多高，水就有多高。邦崴古茶山覆盖茶园面积4.6万多亩，其中有古茶园5680多亩，在邦崴、小坝、那东、黄藤、桃子树、富东、打黑、南滇等8个村都分布有面积不等的古茶树。

邦崴村有居民730户，人口2794人，以汉族和拉祜族为主。邦崴村古茶树主要分布在各寨子旁，成片种植和零星种植相结合，茶树品种以大叶种普洱茶为主。全村有茶叶6200余亩，古茶面积1650多亩，10万多株；树龄在500年以上，茶树基部直径在20厘米以上的有2280多株。

在邦崴村新寨尾发现的“世界过渡型茶树王”，树高11.8米，树幅8.2米 ×9米，最大径围358厘米，树龄1700多年，被誉为“茶树进化的活化石”。1993年4月，“中国普洱茶国际学术研讨会暨中国古茶树遗产保护研讨会”在思茅地区（现普洱市）举办，来自亚洲、美洲9个国家和地区的181位专家学者亲临邦崴古茶树现场考察分析，达成共识：“澜沧邦崴古茶树通过分析其染色体组型，并与云南大叶种和印度阿萨姆种的核型对比，结果发现邦崴大茶树核型的对称性比云南大叶种和印度阿萨姆种对称性更高。证明邦崴大茶树是较云南大叶种和印度阿萨姆种更原始、起源更早的茶树，是野生型向栽培型过渡的过渡型结论，以核型分析结果看是完全正确的。”这一权威论断，使得世界茶树原产地在中国还是印度的争论有了结果。1997年4月8日国家邮电部发行《茶》邮票一套四枚，第一枚《茶树》的图案就是邦崴的这棵古树茶。

小坝村有8个寨子共397户1589人。小坝位于海拔1800多米的一个高原坝子，在两座海拔2100多米的山间，一条巨龙般蜿蜒曲折的河流将两岸塑造形成一个几千米长的小坝子。河水清澈透明，河堤两岸栽满了柳树，小坝四季风景各异，清秀宁静，仿佛一幅田园水墨画，是名副其实的高原小江南，也是普洱最美的田园风光之一。

小坝茶在历史上就很出名。小坝村有茶园 3800 亩，其中有古茶 1430 多亩。在 2000 多米海拔的小坝山上，有几片古茶园，面积 600 多亩，树形、树龄与邦崴古茶园近似。在小坝村委会附近的古茶树有 580 多亩，树形跟其他地方大不一样，茶树从来不修剪，茶树主干不大，也不高，采摘时把茶枝拉下来，人站在地里采摘，久而久之养成的茶枝形状很像柳树枝条一样，有几米长，茶枝的长短可以作为茶树树龄的参考。每年把茶枝上的鲜叶采了，只让枝顶生长，这是茶叶采摘、留养的一种古老方式，这种古老传统采养方式曾经流行于澜沧江两岸，如普洱市的镇沅县老乌山、景谷县的小景谷、临沧市的昔归等地都有。茶叶中马蹄茶比较多，卖相虽然不好看，但茶质好，过去茶农都叫柳条茶，现在称为“藤条茶”。

那东村古茶园比较集中的是上、下那东寨，古茶面积 300 多亩，茶树高大、苍劲，许多大茶树成为人们追捧的单株收藏茶。那东村以拉祜族为主，种茶历史悠久。

南滇、黄藤、桃子树、富东、打黑等村位于澜沧江畔，海拔从最低 676 米，上升到 2489 米，属亚热带高山立体气候，以临沧市双江县帮滨乡隔江相望。几个村在寨子周围都分布有古茶树，面积有 2200 多亩。

近年，邦崴茶名气越来越大，也导致茶价普遍上涨。邦崴茶名气上升主要是因为邦崴茶的茶质好，芽头肥大，条索粗长，口感苦涩适中，回甘明显，滋味浓烈，香气持久，山野气韵较强，且耐冲泡，所以深受大家喜爱。

邦崴大茶树

● 黄草坝古茶山

景谷县在云南茶界的特殊地位，首先是在景谷盆地发现闻名遐迩的宽叶木兰化石和中华木兰化石。其次景谷是普洱沱茶的原产地。

从大理经景东、镇沅、景谷，达普洱，沿无量山西坡的南诏国道“刊木古道”，途径黄草坝，黄草坝成了刊木古道上的驿站。

黄草坝古茶山位于景谷县正兴镇和凤山镇，因茶树核心区在正兴镇的黄草坝村委会而得名。

黄草坝古茶山包括正兴镇的黄草坝村、通达村等，以及凤山镇的平田、顺南、南板3个村，当地居民主要是汉族、彝族。地处无量山余脉上，海拔1710～2355米。

黄草坝古茶山地处刊木古道上，种茶历史有上千年之久，而相对连片种植的多为清朝中晚期种植。植被为山地常绿阔叶林和针阔混交林，年平均气温18.7℃，年降水量1530毫米，土壤以红壤和黄棕壤为主。现有古茶面积6870余亩，多呈块状分布，管理中等，树势较强，是景谷县古茶面积最大的古茶山。黄草坝村的干坝子山，海拔1900～2500米，连片古茶主要分

黄草坝古茶山

黄草坝石房

黄草坝古茶

布在大尖山、困庄大地、大水缸等地，有栽培型古茶 2200 余亩，另有野生茶群落 2000 余亩。

黄草坝古茶山代表性的古茶树，在海拔 2600 米的大水缸地，有棵树高 21 米，径围 3.2 米，是目前景谷县境内所发现最大的野生古茶树。同时在黄草坝村外寨、大寨、洼子、困庄大地等地发现大量树干径围 130 ~ 160 厘米的大茶树，树龄多在 400~600 年。黄草坝古茶山茶叶品种以云南大叶种为主，而平田村有连片的“细红茶”本地种，即一种紫芽中小叶茶种，因具有独特的品质而被市场追捧。

黄草坝古茶山与宁洱县的困鹿山同处小黑江上游的无量山西坡，两地相隔仅 10 余千米，所以两地古树茶韵味相似，但因困鹿山古茶属大、中、小叶种混栽，茶气更显厚重，香气更高些，而黄草坝茶山野气韵更足。

黄草坝古茶的特征：条索粗壮、芽肥显毫，汤色黄透亮，苦涩较弱，回甘较快，汤质饱满，山野气韵强烈。

黄草坝古茶

● 田房古茶山

田房古茶山主要分布于江城县国庆乡，海拔1100～1350米，年平均气温19.2℃，年降水量2360毫米，气候湿热多雨，土壤为赤红壤。田房古茶山原名国庆古茶山，已有400多年的种茶历史，百年以上古茶面积有5800余亩，包括田房、嘎勒、洛捷、么等、和平等村委会、代表茶园有田房古茶园、洛捷普家村古茶园和嘎勒古茶园等。

从缅甸回归的大茶树

茶园多种于村寨周边，部分茶园粮茶间作。田房古茶山茶树品种多引进于易武大叶种，因土壤气候条件与易武相近，所产茶叶具有发芽早、芽头大、显毫、香味浓、耐冲泡等易武茶的特点。

田房古茶山因地处江城县勐烈街附近，所以古茶山与勐烈古城的发展息息相关。

清朝光绪年间，有商人收购毛茶，在勐烈街加工成方砖茶、饼茶，用马帮、牛帮驮运到80多千米外的李仙江坝溜渡口和土卡河渡口，然后用小木船运至越南莱州（勐莱），通过法国货轮运达海防港，再销往新加坡、马来西亚等国，以及香港、澳门、台湾等地区。

1884年之后越南完全沦为法国殖民地，航运、铁路、公路交通开始发达，从江城出口运输茶叶成为云南普洱茶出口最快捷，成本最低的路径，这条运输线于2013年被包忠华命名为“水上国际茶叶之路”而被关注。

因在勐烈街经营茶叶利润丰厚，故有越来越多商人到此开办茶庄、茶号经营茶叶，开设驿站、马店、马帮等，使江城成为普洱茶的重要产地和集散地，勐烈古城成为边陲重镇，出了很多老字号的茶庄商号，主要有敬昌号、江城号、胜利号、福泰隆茶庄、鸿顺茶号、泰来茶号、兴华祥茶庄、福泰昌茶号、同兴昌茶号、永茂昌茶庄、四合公茶庄、仁和祥茶号、丰顺祥号、许季瑞、太各祥、李金发上号、范玉祥章号等 20 多家茶庄商号。

江城的茶叶产量、出口量逐年上升，坝溜和土卡河渡口成了转运茶叶等物资的商业码头，呈现出一片繁忙景象。如今坝溜渡口因建设电站被淹没，但相距不远的土卡河渡口还依稀保留着一些当年的影子。

20 世纪初随着英国、法国在印度、斯里兰卡、越南等殖民地国家大力发展茶叶生产，西方先进技术得到推广应用，中国茶叶在生产技术、交通运输等方面在国际市场上逐渐失去了竞争力。特别是 40 年代日本人占领越南、老挝、缅甸等地后，切断了“水上国际茶叶之路”，使江城茶叶走向低谷，也使田房古茶山沉寂了半个世纪之久。

今天在当地政府的高度重视下，交通的改善，茶山旅游的兴起，田房古茶在茶界知名度不断提升。从国外“回归”的一批古茶树，茶树径围在 200 ~ 300 厘米，树龄在 600 年左右，“扎根”田房古茶山让这批漂泊的古茶树终于有了自己的家，也让田房古茶山增添一些灵秀。

土卡河渡口

行走在土卡河上的马帮

田房古茶

● 勐主大山古茶园

一直想到景谷县碧安乡看看碧安古镇、革命老区的红色文化、大山古茶等，2019年五一长假终于得以实现。一早从思茅出发，途径云仙，到了碧云大桥把车停在桥头，澜沧江上修建糯扎渡大型电站，澜沧江上支流威远江库区回水，虽是枯水期，但“高峡出平湖，一桥飞架南北”的恢宏气势还在。碧云大桥总长346米，宽12.5米，于2011年建成通车，成为普洱市无量山经济干线上的大桥。

碧安乡东南隔小黑江与思茅区相连，西南以澜沧江为界与澜沧县相望，北连勐班乡与益智乡，是一个“一乡连三县”地方，即连接景谷县、思茅区、澜沧县的特殊区位，也是古代澜沧江东岸“刊木古道”的重要驿站。进入碧安街头，一扇仿古大门上写着“碧安古镇”四个金色大字。来到碧信小苑，这座古建筑三合院在勐主街的现代建筑群里，有种与众不同的感觉，目前是古镇里保存修缮最完整的古建筑之一。

勐主大山古茶

据介绍，碧信小苑始建于1939年，属当地富商谭玉林的私家大院，占地1.7亩，建筑面积660平方米，土木结构，青瓦白墙，由一楼一底的五幢相连的建筑构成，形成别致的三合庭院，这个院子1949年10月后最先分配给粮管所，后来分给铁业社，成为当地打铁、铸犁头等手工业的厂房，20世纪80年代铁业社解散，农业银行营业所购买作职工住房使用，2000年农行营业所撤并转让给信用社。也正因这幢老宅院没有临街面没有被拆，但经历近1个世纪的历史沧桑，已成不能再居住的危房，2016年景谷信用社决定投资200余万元修缮，以修旧如旧的原则，修缮后的老房子又恢复了往日的样子，里面陈列有碧安革命老区的历史人物、重大事件和信用社党员活动室等。碧信小苑和碧光中学等一些有幸保存的旧建筑群成为碧安古镇上的红色教育基地，成为文物保护单位。

碧安古镇牌坊

1945 年，以罗正明为主的勐主街绅商筹资兴办地方中学，以当时称为碧岭乡的“碧”字和罗正明的字“光亮”的“光”连起来定名为私立“碧光中学”。中华人民共和国成立前，碧光中学一度成为思普地区革命活动的指挥中心。曾创办《五日消息》报，举办干训班，培养了大批革命骨干。1948 年 6 月，中共思普特支碧光分支成立，同年 9 月成立中共勐主支部，碧光中学大部分学生于 1949 年秋参加了革命，宣传党的思想，壮大党的队伍，培养党的干部，并将勐主变成了解放思普的核心区，掩护澜沧江两岸革命志士，为实现祖国边疆的解放作出了不朽的贡献。

碧安老街一角

碧安勐主大山古茶园位于碧安乡上寨村民委员会后山，距乡政府所在地 5 千米，

作者采摘茶叶

最高海拔1984米，是全乡海拔最高的地方，山上森林茂密，登高望远，可一览碧安坝子和勐班坝子，有一览众山小之感。茶园共有面积1300亩，相传古茶园最早是1840年由陶仕铭的父亲（当地开明乡绅）从双江勐库引入茶种种植。陶仕铭通过老乡傣族名将周体仁的关系，当过孙中山的侍卫营长，参加过北伐战争，回云南碧安省亲路过新平被土匪杀害。勐主大山种植茶园的地方主要集中在海拔1600~1750米之间的地带，土壤为红壤土，土层厚，松软，肥力好，茶园主要分四个时期栽种。

清朝晚期种植的茶树保留较少，民国时期种植的面积600亩左右；集体化时代在原有茶园的空地里大量进行补植、扩种，但因多年疏于管理，茶园里长出很多杂树变荒废，部分茶树枯死；包干到户以后每户分到一小片，特别因普洱茶古树茶兴起后，由于这里的茶品质好，当地茶农在原有茶地里进行补植，在古茶园周边进行一些扩种。近年来勐主大山茶声名鹊起，其茶汤厚滑，香气馥郁，苦涩不显，入口即化，回甘强而持久，成为景谷县茶价最贵的茶山。

碧安乡区位优势特殊，有丰富的旅游资源和产业基础，有思普革命老区“小延安”之称，红色文化、古镇文化、古茶文化、马帮文化、傣族文化、田园风光等，未来发展潜力巨大。

勐主大山古茶园

● 茨竹林古茶山

走进鹦鹉的天堂

多年前就从媒体上知道普洱市思茅区有个“鹦鹉寨”，但一直没有去目睹中国最大鹦鹉群齐飞共鸣的盛景，也对其了解甚少，一次朋友介绍：“茨竹林村的芒坝不仅是知名的鹦鹉寨，还是个很古朴的布朗族村寨。”

芒坝寨子

第一次到芒坝是2017年5月的一天下午，在李勇小组长的带领下，还没有进村就听到“嘎—嘎—嘎”的鸣叫声，不时有一群群鹦鹉从头顶掠过，非常激动地带上相机走进村头，村子周边的大树上到处是鹦鹉的身影，整个山寨笼罩在鹦鹉的世界里。在一棵大树下巧遇四位来自北京的摄影爱好者，用各自的“长枪短炮”摄下一幅幅照片，我们相互问候攀谈起来。

茨竹林村隶属思茅区思茅港镇，距思茅城105千米，离国家大型电站糯扎渡电站大坝15千米，全村拥有国土面积160平方千米，辖15个自然村，有人口2048人，其中世代居住着全国较少数民族布朗族358人；平均海拔1500米左右，年平均气温17.6℃，年降水量1230毫米，植被茂盛，土壤肥沃，有近300年树龄的古茶树数百亩；与之相邻的糯扎渡省级自然保护区，生存有丰富的珍稀动植物资源，有亚洲野牛约20头，亚洲野象数十头，有野生鸟类240余种，其中栖息着最特别的大紫胸鹦鹉700余只。

芒坝小组距离村委会5千米，海拔1360米，有农户67户，269人，为传统的布朗族村寨，男女老幼都讲布朗族语言，着布朗族服饰，因受傣族文化的影响，信奉南传佛教，每年都过传统的泼水节，建筑以干栏式建筑为主。芒坝寨子周边有十来棵高大的榕树和菩提树，成为鹦鹉的家园，有“鹦鹉寨”的美名，被摄影界称为

“中国的鹦鹉天堂”和“中国一流的观鸟摄鸟基地”。

大紫胸鹦鹉又叫大绯胸鹦鹉，体长35~50厘米，是国内体形最大的一种鹦鹉，羽色艳丽，姿态优美，善于仿效人语；主要以树木果实、种子为食，特别喜食松树球果、浆果；多栖息于海拔2000米以下的山地针叶林和混交林中，曾经分布很广泛，随着森林的消失，人为的捕捉，近几十年来日渐稀少，目前仅在我国云南、广西、四川、西藏东部等地区少量生存，在国外也仅见于印度北部，被列为国家二级保护动物及世界濒危物种之一。

人与自然和谐相处的典范

二十世纪七八十年代，在澜沧江两岸栖息的大紫胸鹦鹉随处可见，我的家乡景东县保甸村就有很多，但由于鹦鹉外形漂亮又能学舌说话，成为人们争相饲养的宠物，市场价接近一头肥猪的价格，所以人们就上树掏鹦鹉的幼鸟售卖，甚至掏下鸟窝将鸟蛋拿回家用母鸡孵化，渐渐地很多地方的鹦鹉也就绝迹了。

在茨竹林村的芒坝目前能有这么多的鹦鹉，一定有很多未解的秘密，听了陶培新老人的讲述，终于解开了谜团。

茨竹林树上的鹦鹉

在100多年前，一场瘴气瘟疫席卷思茅。有十几户布朗族人隐居在一个叫老安寨的山林里，以种茶、狩猎为生，但瘴气还是光顾了这群苦难的人们，寨子里近一半的人因染病而亡。一天中午，老寨主绝望地躺在一棵茶树下，突然一对鹦鹉从头顶飞过，落下几枝树叶在他身上，老寨主顺手把树叶放入口中咀嚼，不知不觉到了下午，他感觉发冷发抖的身体好了许多，第二天身体就痊愈了，他就到山里找来那种树叶熬了让全寨的人喝，几天后全寨的病人奇迹般好了。老寨主带着人去找寻救命恩人，终于在山对面的一棵大树上发现一群鹦鹉，鹦鹉见到这些人后一直在他们的头顶盘旋、欢叫。

老寨主回家召集族人商议：“鹦鹉是我们的救命恩人，我们就搬家到对面鹦鹉安家的树下居住，守护神灵吧！”全寨人一致同意搬迁，分别居住在山梁上，与鹦鹉朝夕相处。相传这些布朗族人的祖先来自一个叫忙的地方，而这道山梁像一座坝堤，就把这个地方叫作芒坝。

由于鹦鹉需要选择高大的树上的洞为家，芒坝人就在寨子周围种植了很多榕树和菩提树，树越长越大，为鹦鹉提供安全的家园，渐渐地这群鹦鹉越来越多。芒坝的布朗族人也把鹦鹉当作神鸟，把鹦鹉的头像作为族人的图腾。

后来，市场上的鹦鹉价格越来越贵，村里有位年轻人挡不住诱惑，悄悄上树掏了一对稚鸟出售，族人知道后倍加谴责，年轻人只能去赎回小鸟放回鸟巢。近年来鹦鹉的数量增长很快，芒坝的大树已经满足不了鹦鹉安家繁殖后代，到了繁殖季节，部分鹦鹉就到相离五六千米外的一个叫芒蚌的地方筑巢产卵，待小鹦鹉出窝会飞翔后又回到故土芒坝。芒蚌也是个传统的布朗族村寨，是从芒坝分过去的，鹦鹉到芒蚌也是与亲人相处。

因这里山好、水好、人更好，芒坝人绘制了一幅人与自然和谐相处的画卷。长寿老人多也是这里的一景，实际了解才知，芒坝小组全村 269 人中，90 岁以上有 4 人，80 岁以上 5 人，70 岁以上老人比比皆是，前两年一位 102 岁的老寿星才去世，是名副其实的长寿村。

几代人梦想一座佛塔

南传佛教主要流传于斯里兰卡、缅甸、泰国、柬埔寨、老挝等南亚国家，约在 13 世纪时，南传佛教又由泰国经缅甸传入云南的西双版纳、普洱、德宏等少数民族地区，逐渐为傣族、布朗族、德昂族、佤族、阿昌族等少数民族所接受，并替代他们的原始宗教而成为主要的宗教信仰。

布朗族聚集的寨子一般都会修建一座佛塔、佛寺。现存芒蚌寨子后山的佛塔高 6 米左右，塔基为四方基座，四面石碑雕刻有龙、凰、麒麟、鹿的精美图案，塔的中上部分由五级圆形石塔组成，佛塔前面还有当年佛寺的墙基、柱脚等遗迹，占地面积 3 亩有余，能看出有四栋建筑的模样。据区民宗局局长介绍，这个佛寺曾经很辉煌，在思茅、澜沧、景谷一带的布朗族和尚都要到这里修佛。在民国年间，一个名叫苏三的景谷县土匪到此抢劫，由于受到当地布朗族人的围攻，恼羞成怒的劫匪放火焚烧了佛寺，只留下这个佛塔。

芒坝寨子的佛塔、佛寺遗迹就更加模糊，巧遇放牧归来的钱忠贵，他现年74岁，他给我们介绍：“我们这里曾有三处地方建过佛寺，最先佛塔、佛寺建在寨头，现在的村活动房那里，因失火被毁。后来又建在寨子的右前方的菩提树旁，但因地势陡，最后改建在寨子后山的大榕树下。我父亲年轻时专门到西双版纳学佛，1949年10月前是佛寺的住持，寺里有几个常驻的和尚，但在“破四旧”时佛寺、佛塔被毁，父亲就只能在家务农；改革开放以后，很多佛寺恢复了宗教活动，但我们这里交通闭塞，经济条件差，没有能力重建佛寺。父亲1987年去世时已89岁，临终前一直在叮嘱我们，有一天有能力了一定要修复佛寺、佛塔，重建一座佛寺、佛塔成了我们几代人的梦想。

芒坝佛塔遗址

如何让茨竹林古茶香飘四海?

布朗族是古代濮人的后代，总人口9.19万，是中国极少数民族之一，也是云南最古老的民族之一，历代称为“濮满”“蒲蛮”“朴子蛮”“朴子”等，由于居住的地区各异，昔日的布朗族人有不同的自称，中华人民共和国成立后，根据本民族意愿，统称为布朗族；布朗族属南亚语系，无文字，至今仍然保留着特征鲜明的民族语言、服饰、歌舞、风俗、文化等；布朗族兼通傣语，多信奉南传上座部佛教。云南是世界茶树的发源地，普洱被誉为“世界茶源”。古代濮人是最早利用和栽培茶叶的民族。在实际采访过程中了解到，茨竹林村仅有的两个布朗族村寨芒坝、芒蚌，是思茅区布朗族聚集人数最集中、民族文化保留最完整的地方。相传在300多年前，陶姓、钱姓等姓氏的几户“朴子蛮”从澜沧江对岸迁入茨竹林，以狩猎、游牧为生，后来在一座叫大山梁子的密林之中开始刀耕火种，过上定居的生活，这个布朗族寨子被称为老安寨，老安寨祖先沿着自北向南的山林开垦种植茶叶，总面积有260多亩的古茶园，距今有近200年的历史。古茶园少的有一二十亩，多的有100多亩，是目前为止思茅区境内发现的唯一一处古茶园。

在普洱市2005～2006年的古茶资源普查中，茨竹林有百年以上的古茶260多亩，这些古茶树大多生长在柏枝树等各种树林杂草之中，属野化型生长，树冠不大，茶叶品种与困鹿山古茶园相似，以大、中、小叶种混杂种植，茶叶产量低，但茶叶的品质很好，茶叶香气独特。2006年以来，有几个小初制所建到山上，古树春茶的鲜叶价卖到300多元1千克，成为思茅区茶价之最。但很多茶商把它称作困鹿山古茶销售，这也是茨竹林古茶山目前没有知名度的原因。

茨竹林村在20世纪70年代，就成为思茅区现代茶园发展的主要地区之一，有台地茶近4000余亩，以加工绿茶为主，茶叶品质很好，但大多用群体种实生苗种植，茶叶卖相不好，茶价偏低。如今应该对茨竹林进行重新审视，如何定位“茨竹林古茶山”？从茶叶、文化、交通、生态、旅游、扶贫等方面综合进行规划打造，只要政府加以重视、引导、支持，对台地茶进行生态稀疏留养，采用景迈山和困鹿山的成功模式，同时加大宣传，几年后云南将增加一座知名的茨竹林古茶山。

茨竹林古茶园

● 竹者古茶园

景东县小龙街乡的竹者村，地处哀牢山腹地，海拔1600～2000米，过去交通非常闭塞。因小龙街乡没有发现连片规模的古茶园，不被关注，当地也好像没有名茶，小龙街的古茶被划入“哀牢山西坡古茶山”而被边缘化。

随着哀牢山经济干线建设，人们在竹者村小排村合作社发现一片面积百余亩，有620株古茶树的古茶园。我对景东茶山算是有所了解，当听说竹者有这样的茶园，我有些半信半疑。

一早坐车到了小龙街乡，因是清明节，街上车多有些堵，约半小时才从街头到了街尾，往竹者村方向去，车行了10千米左右，驶入正在修的哀牢山经济干线，较宽的路面行了几千米，又遇到堵车，等了近两小时路终于通了，又行了3千米左右，到了竹者茶园，时间已过中午12点，看到茶园，让我一个吃惊，一大片茶林以地埂茶方式种植，这里的地埂茶与其他地方种的不一样，很多地方地埂茶栽在坎头和坎中间，茶树根易露出来，影响茶树生长。而竹者古茶园的茶树种在地的坎角，与地面水平，茶树保水肥效果好，下台地种的树，与上一台地之间形成一个约2米高的地埂，方便管理、采摘，也节约土地。地中间留作种粮，以播种玉米和小麦为主，茶树长势很好，树形高大，这样的茶园在云南茶区着实不多见，因此我单独把竹者古茶园列出来介绍。

茶农采摘茶叶

在清朝晚期，云南的“烟土”很出名，很多四川等地的人迁入无量山、哀牢山的深山中安家，开荒种罂粟，为提高土地利用率，就把茶树种在地坎头或地坎角，地心用于种罂粟和粮食作物。

竹者古茶园的村寨姓余的人多，祖上从四川迁来已有180余年，也是这片茶园的种植者，改革开放后每户人家都分到几十棵大茶树，茶树管理不统一，茶树的修剪也不尽相同，但总体上管理良好。

竹者古茶园

现在负责管理收购茶叶的景东登云茶叶合作社，负责人纪光奎介绍："这片茶叶是去年这里要修公路，偶然才发现，茶叶的香气、回甘都非常好，但加工技术不好，市场卖价很低，加之茶农在地里套种了大量核桃树，古茶园没发挥自身价值，为更好地保护和利用这片古茶资源，他跟茶农合作，合作社补偿农户资金把核桃树砍了，计划在空地里再补种些茶树，现在建了一个茶叶初制所，引导农民进行产业转型升级。"随着交通的改善，哀牢山的旅游资源将得到有效开发利用，过去以核桃、烤烟、粮食、畜牧为主，向发展旅游业、烤烟、茶产业、生物药业等产业转型，才能使山区农民发展多元化、特色化。

"哀牢山西坡古茶山"是普洱市的26座古茶山之一，包括龙街乡、太忠乡、大街镇、花山镇等，纵横100多千米。因地形以哀牢山主脉向西延伸形成数十个山川、河谷、小坝等，各条山的海拔、气候、土壤等自然条件差异性大，民族民俗文化不同，茶山茶叶的品种、口感不一，所以这样的广大区域的茶山，笼统叫"哀牢山西坡古茶山"是很不合理，也正因如此，哀牢山西坡古茶山叫了10多年也不被外界认可。普洱26座古茶山即老仓福德古茶山、金鼎古茶山、漫湾古茶山、御笔古茶山、哀牢山西坡古茶山、振太古茶山、老乌山古茶山、田坝古茶山、勐大古茶山、马邓古茶山、文山古茶山、秧塔古茶山、南板黄草坝古茶山、联合龙塘古茶山、团结古茶山、须立贡茶古茶山、龙坝古茶山、通关古茶山、坝溜古茶山、迷帝古茶山、景星豪门古茶山、困鹿山古茶山、国庆古茶山、景迈古茶山、邦崴古茶山、文东古茶山。

“普洱 26 座古茶山”的概念从 2006 年就开始提出，源自《走进茶树王国》一书，但 10 多个春秋过去，茶界没多少人知道普洱 26 座古茶山，人们知道的也主要是景迈山和困鹿山等。做名山宣传推介与做商业品牌推广一样，定位要准，名字要取得好，范围大小要适当，文化挖掘要有深度，要有亮点和卖点。普洱 26 座古茶山中有 12 座是以乡镇命名，茶山的介绍也非常简单，仅仅是填空题式的一点介绍，缺乏内涵深度。普洱市政府 10 多年来需要介绍 26 座古茶山的文章，我写了部分，实在没法写完，在此书中我特选 10 多座几年来写的文章稍做修改后来推介，普洱市需打破 26 座古茶山的“紧箍咒”，重新构建名茶山。

竹者古茶园

● 长发古茶山

长发山位于普洱市景东县大朝山东镇长发村委会，地处景东县城西南部，属无量山余脉，澜沧江东岸，距县城 160 千米，为景东县最边远的村委会。长发山是从无量山沿澜沧江东岸延伸的一支余脉，大尖山为这支余脉的最高峰，海拔 2200 米。长发山涉长发村全部，涉文玉村、曼状村部分。

从远处看，连绵起伏的高山像一个睡美人，而长发山是睡美人的头部，好似美人戴着发髻，熟睡中婆娑的秀发垂入滔滔澜沧江水中而浑然不知，从而得名长发山。

长发山下有个百万千瓦级的大朝山水电站，大坝就建在长发山的大拐弯处；大朝山电站而下 5 千米就是糯扎渡电站的回水区域，“高峡出平湖，一桥飞架南北”的盛况在此展现，长发山形成一山连“两湖”“四县”，即普洱市的镇沅县、景东县以山下文笑河为界，临沧市的临翔区、云县与景东县以澜沧江为界，相距十余千米外就是景谷县的地界，所以长发村还有“一眼望五县”的特殊地理区位优势。

长发山有古茶，但外界很少有人知道，一方面是当地挖掘宣传不够，另一方面是在仅一江之隔的昔归古茶山盛名下被遗忘。细细考证，昔归古茶山与长发山的大扁山古茶园有不解之缘，两者是同一时期、同一茶种、同一个人开垦种植的茶园。

清朝晚期社会动荡，长发山下的文玉村出了一位特殊人物，人称“苏三大人”，真名叫苏三宝，原本为文玉铜矿的一名矿工，因参加李文学、杜文秀的云南少数民族起义，有功被授予“征东大将军”，后来苏三宝被清廷招安，对义军进行平叛，有功，朝廷赐予“义勇正图董”，赏花翎副将军衔，因其不识字，未去外地任职，只领受了景东县的曼等乡景福镇，大朝山的东镇，镇沅县的振太镇勐大镇，临翔区的平村、昔归等

从长发山上看昔归大桥

地为管辖范围。他在文玉村选地修建豪宅“老衙门”，开设“允丰号”经商。因官衔较高，当地县衙管不了，成为不向朝廷纳贡的地方“土皇帝”，直到1911年，民国政府景东知县联合大理新军打败苏三宝并抄家，后被蔡锷将军平反而归还家产，苏三宝盘踞一方40余年，做了不少坏事，也做了不少好事。

长发山古茶

苏三宝控制澜沧江上的昔归渡口后，从后山邦东引来茶种在昔归渡边的忙麓山上种植，而成就了今天的昔归古茶山。在长发山苏三宝建了大田山、大扁山、得龙等炮台，因大扁山炮台位于长发山第二高峰上，为让守炮台的人长期留得住，在种昔归茶的同时在大扁山种植了几十亩茶园，现存较大的古茶树百余株，有不少茶树一人还抱不过来，为目前大朝山东镇最粗大的古茶树林。

长发山古茶

大扁山古茶园距离村委会有五六千米的路程，海拔1900米左右，土壤为棕壤，地表被厚厚的腐殖土所覆盖，土壤肥沃，茶树生长非常茂盛，虽然与昔归茶同时种植，但树主干比昔归的还要大，茶质与昔归茶相似。

大扁山珠峰

据茶园主人张天能讲，他父亲是郑家的上门女婿，外老祖姓郑，从江西到云南，后来跟随苏三宝，成为大扁山炮台守护者，炮台只是一个象征性的，几代守炮台的人就在炮台下面安家种茶，苏三宝战败逃到长发山被抓砍头后，郑家人就搬到山下的白竹箐安家至今，因离村较远，只是偶尔上山采茶，包干到户时分林地这片茶园就分给了郑家，现在是郑家三兄妹所有，他家分得 30 多棵大茶树，这几年都是昔归的老板过来收购了。

长发山最高峰叫大尖山，半山腰海拔 1910 米的地方，有一片面积近百亩的茶园叫大尖山古茶园，茶树品种为野生茶，但属人工种植，当地人每年都上山进行修剪、采摘。据说是中华人民共和国成立前当地一家小富农种植，高价去买茶籽种，被人忽悠，别人采了山上野茶种子卖给他，今天也许变成歪打正着。

茶山丫口古茶园位于村委会周围，海拔 1800 米左右，面积近百亩，其中最大一棵现存于村委会院子内，树高 5.2 米，基部干围 87 厘米。

长发山从不知名到知名只是等待历史的巧合与必然，从墨江到临沧的高速路已开通，高速路收费站出口到长发山不到 10 千米，从长发山通往景东县城的三级公路已通车，长发村将结束全县最远、最闭塞的历史，将凤凰涅槃，大朝山东镇拥有丰富的旅游文化资源和产业基础，随着墨临高速的建成通车，当地政府正在积极布局谋划，挖掘当地历史文化、布局产业规划，长发山古茶山也将随着这股东风启航。

长发山脚下淌过的澜沧江

● 被遗忘的罗东山万亩野生茶树群落

一早从普洱城区出发，用了两个小时到宁洱县梅子镇，再行 15 千米到建设村委会的小宽粟小组，山路虽然弯曲，但水泥路面还比较平整。一个叫乐东的茶厂建在村口，小宽粟村头的海拔是 1680 米，村中央有数十棵参天大树，全小组有农户 71 户，280 人，村庄布局错落有致，是一个典型的汉族、彝族等民族杂居的古村落，到村后公路边的悬崖上俯瞰村子，近百米高的悬崖，有恐高症的都不敢往下看，村子三面被高山环抱，形成一个近千亩的平地，犹如一把龙椅。陪同的人介绍："小宽粟是方圆 10 多千米最大最平整的村子，是一个深藏在无量山中的风水宝地，世外桃源。"

从小宽粟进入罗东山的土路又陡又窄，开车的师傅技术很好，皮卡车几次挣熄火，同车的人不敢看路边下的悬崖，车艰难地前行了 4 千米左右，到了海拔 2100 米的地方，一块面积有 400 多亩的高山茶园呈现在眼前，茶园四周全是原始森林，在这深山老林中种植这样一片茶园实属不易，茶厂当初也是看好这里的生态环境，真是高山云雾出好茶。当地没有其他产业，为帮助山区群众脱贫致富问题，2007 年政府引入企业在这开垦发展高山绿色茶。

罗东山茶园

我们此行的目的是考察罗东山野生大茶树，一次听朋友讲罗东山有棵要两三个人才能合抱的野生大茶树，在我印象中宁洱县没发现较大的野生大茶树，所以带着几分怀疑前往。

茶园对面最高的山梁当地人称罗东山，属无量山系的支系。罗东山最高海拔有2851米，也是宁洱县的最高海拔点。罗东山以山梁为界，山的西面是镇沅县田坝乡，知名的茶山箐古茶山就在山的西坡；东面是梅子镇的永胜村和建设村；从永胜村到罗东山野生大茶树的地方，步行距离近些，但山路太陡，需2个多小时，从建设村方向走，距离稍远，但山路较平缓，也需2个小时左右。

永胜村后山上有一块普洱市面积最大、最美的高原草甸叫“干坝子”，干坝子面积近2000亩，海拔2000多米，四季绿草如茵，各种野花满地，溪流清澈见底，山沟两侧的山坡上长有杜鹃等各种山花，植被处于原始状态，有“高原花海”之美誉，当地人调侃“若不能驾车万里游西藏，就一日游尽干坝子”。

永胜村进入干坝子的半道上，有一个自然村子叫摆尾箐小组，位于北纬23°、东经101°，海拔1800米以上，年均气温16℃，年均降水量1400毫米。具有独特的地理位置，优质的土壤条件，以及原生态的生长环境。这里有片古茶园，有茶树4684株，树龄近300年，占地面积近500亩，被称为“摆尾箐古树园”。摆尾箐古树园在当地已有一定知名度。

当地向导介绍：“宁洱县野生茶树王长在最高峰下面的山坳里，从公路的尽头到那里的直线距离有3千米左右，茶王树要3个人才能抱过来。古时候这里有一条被称作‘刊木古道’的小路，翻过罗东山到镇沅县田坝乡、振太镇到景东县景福镇、漫湾镇后达大理。相传，一个从大理来的高僧叫罗东，云游到小宽粟，看到这里是块宝地，就在村后山建了一个小寺庙，在此修佛、行医，造福一方，很受人们的崇拜，当地人就把这座高山称为罗东山，山下的瀑布，称罗东瀑布。”

后来罗东高僧圆寂后，徒弟们把他的骨灰送回大理安葬，高僧成“仙”回到故地，在原采过茶的大茶树下休息，对着山崖划了两下，从山上飞来两块石头，在大茶树不远处安放了一个石凳子，当地人称“仙人凳”；在另一块石头上用手掌一抚，石头上留下一个深深的手印，被称为“仙人掌”。

进山的小路很模糊，因近年走的人少，一路走一路只能用刀开路，原始森林中的参天大树，遮天蔽日，藤蔓缠绕，树上挂满苔藓，走了近2个小时，终于到了茶树王树下，大家又累又兴奋，稍做休息后开始测海拔、测树围等。

据《走进茶树王国》记载：“古茶树生长地的海拔2370米，树的最大基部径围3.40米，树高14.8米，最低分枝高度0.6米。”推测树龄在1800年左右，这是宁洱县至今发现最大的‘野生茶树王’，在周围还有很多稍小些的大茶树，径围在1米以上的有数千棵之多，野生茶树群落面积有近2万亩，是普洱市野生茶树群落面积第三大的分布区域，更大为景东县无量山和镇沅千家寨的野生茶树群落。

外界知道罗东山的人很少，而摆尾箐古树园和干坝子的知名度更高些，而罗东山是距离普洱市区最近的野生古茶山，依托现有资源文化，可考虑申请“罗东山国家森林公园”，统一打造“罗东山古茶山”，规划改善交通条件，罗东山将会成为茶人寻茶朝拜的地方。

罗东山野生茶树王

罗东山瀑布

● 老海塘古茶山

老海塘古山茶，产于镇沅县田坝乡瓦乔村海塘小组，由地名而得茶名，以海塘组为中心，不断扩大茶叶面积，如今形成著名的老海塘古茶山。

老海塘古茶山种茶历史悠久而充满传奇故事。老海塘古茶山属无量山余脉，茶树主要分布在大营盘山，其主峰海拔 2260 米，含瓦桥、李家、岔河、田坝、胜利 5 个村委会。茶树生长在 1700 ~ 1950 米的海拔之间，高山云雾出好茶，这里年平均气温 16℃，平均年降水量 1400 毫米左右，土壤以红壤为主。古茶山目前还保存有栽培型古茶树 1150 亩，树龄在 100 ~ 800 年，古茶山呈块状分布，茶园多在村寨边，与粮田混杂。还有 4000 亩生态茶园，是近几十年逐年种植的。

历史上镇沅县大部分地方属景东管辖，唐宋时期景东城被称为银生城。长期生活在这里的哈尼族、彝族等先民在当地种植茶叶自用。在离海塘不远的田坝村坡头山，有一株栽培型大茶树，生长在海拔 1925 米的地方，树高 4.5 米，茶树基干最大径围 172 厘米，树龄近 1000 年，被命名为“白芽口茶种”，茶树生长很旺盛，成为老海塘古茶山的代表性茶树。

老海塘古茶山的古茶品种为“大山茶”，又名“大树茶”，为地方群体品种，原产于无量山、哀牢山，是野生型和栽培型茶树自然杂交的杂种，有上千年的栽培史。这个品种的特点：植株高大，树姿半开张，主干明显，分枝较密，叶片稍上斜或水平状着生，叶椭圆形，叶色深绿，叶芽肥壮。

据海塘的一座墓碑和有关家谱等资料记载，如今生活在老海塘小组的汉族人艾姓、方姓、叶姓、刀姓等，是明朝永乐十年（1412 年）为躲避战乱，从江西颠沛流离来到这里，与当地人通婚，和睦相处，安居乐业，把先进的中原文化也带入此地，从此开启茶园的规模种植。

公元 1644 年，闯王李自成攻陷京城，崇祯帝朱由检被迫上吊自缢身亡。明朝的残余势力在南京拥立了福王朱由崧为帝，改年号为弘光，史称南明政权，进行“反清复明”，后战败。1646 年南明在广东肇庆立桂王朱由榔为帝，年号永历，史称“永历政权”。这个政权后来退守云南、贵州，利用李自成、张献忠的余部抗清，直到 1661 年南明最后一个抗清政权永历政权被吴三桂消灭。传说有一股永历政权的溃部逃往云南西南地区，一路上为避开清兵搜查，隐姓埋名，朱姓改为刘、黄二姓。

当逃到了澜沧江边因无法过江，就合计着往回走，找一个没有人的地方落脚，最后来到澜沧江东岸的深山之中，在一条小河边暂住，到河里以捉鱼而食。一天大家在河里捉鱼，突然看到一条大红鲤鱼顺着小河往上游，大家一起去追捉那条大鱼，大红鲤游到一个石岩下时，蹿出水面，跳到离河面 1 米多高的一个石塘池里，大家在这个不大的石塘池里，却怎么也找不到那条鱼，都感觉很奇怪，也很失望。带头大哥习惯性地把一个手指放入口中，感觉有咸咸的盐味，赶忙用手捧起喝了一口，原来是一塘盐水，这真是上天旨意而让他们发现的盐矿。大家觉得这是老天的恩赐，这 10 几个逃难的人就在此安顿下来。但当时不让私自制贩食盐，他们就在附近以开荒种地、种茶来掩护，暗地里偷偷熬盐。为了感恩这个有盐的地方，大家提议起名“恩井”，但又太直白了，为了掩人耳目，就把这地方起名为“恩耕”，感恩上苍给予容身之所、可耕之地的意思，这条小河也称为恩耕河。

老海塘风光

恩耕井

恩耕与海塘村直线距离不到 3 千米，流落到此的刘、黄二姓人家悄悄开采熬制食盐，私自贩卖，获利颇丰。盐是生命之源，自古就是紧俏物资，这里熬制的食盐悄悄卖到外面，不久很多盐商知道，就纷至沓来，刘、黄二姓也就成了这盐井的主人。然而，经历颠沛流离、背井离乡之苦的恩耕人，希望永久扎根在这里，兴家立业，不想招惹官府。于是就把恩耕盐的情况和成盐品报知掌管当地盐事务的官府，以求办盐引，合法熬盐，合法贩盐。由于这里山高皇帝远，掌管的官衙在其获利的同时也就默许制盐贩盐。后来，清政府为了更好地控制边疆地区，同时扩大税收，于雍正二年（1724 年），把镇沅府辖地的恩耕盐井、报母盐井和按板盐井一起由朝廷统一开办，扩大生产规模，定额起课盐税，在威远同知设盐课大吏一员代管恩耕井盐事务。从此，恩耕改名恩耕井，恩耕井也就非常出名了。

恩耕盐品质好，销往威远、镇沅、景东、云县、元江等地。于是从四面八方来了熬盐的灶工、贩盐的商人，在河两岸的岩石上开凿一个个洞穴，洞穴外支上柱子，盖上茅草，就算建起了房屋，就这样，一排排岩屋建成了，偌大的恩耕井聚居有五六百人。在狭窄的小河两岸，打井取卤、垒灶埋锅、柴火熬盐，使整个河谷烟雾缭绕，一派繁忙景象。

恩耕井渐渐热闹起来，各地的马帮往来于此，使得这里盐茶贸易很是兴隆，这为海塘茶的发展带来前所未有的机遇。由于采用烧锅煎盐的古老工艺，需要砍伐大量树木做燃料，周围几千米范围的森林都被砍光，一些平整的地方渐渐变成村寨，很多荒山变成了茶山。每天有几十队的马帮，把恩耕盐、海塘茶驮运出去。渐渐地海塘茶成为地方名茶，销往西藏、昆明乃至京城。

民国初期，老海塘的大富人家艾福明从景谷引进几担茶籽在海塘育苗，分别在瓦桥、李家、岔河、田坝等地种植，只可惜后来很多茶园被毁。今天当你走进老海塘古茶山，会发现茶叶品种比较混杂，茶树较大的为地方群体品种，那些百年左右的古茶树多为勐库茶种，也正因为这种不同地方品种的混合种植，使老海塘茶叶形成独特风格和品质，茶叶汤色金黄，滋味醇厚，回甘持久，爽滑耐泡，条索肥厚。

1949 年 10 月后恩耕井不再熬制食盐，如今只留下盐井旧洞、锅台灶址、房屋遗迹了。而因盐而兴的老海塘茶却一直名声远扬，特别进入 21 世纪，迎来“盛世兴普洱”的大好时代，老海塘茶越来越被人们所青睐。

老海塘古茶树

● 茶香佛殿山 醉美佤部落

在中国的西南边陲，有一块我国唯一没有受到第四纪冰川袭击的植物群落分布区域，这里山高谷深，是地球上山茶科植物分布的中心地带之一，孕育出了地球上最古老的茶树，形成景迈山、困鹿山等数十座各具特色的古茶山。普洱市西盟佤族自治县境内的佛殿古茶山便是其中代表之一。

西盟佤族自治县是我国的两个佤族自治县之一，与缅甸相邻，是我国主要佤族聚居的边境县，是《阿佤人民唱新歌》、“江三木落”的诞生地。少数民族占全县人口的94%。全境因受孟加拉湾西南暖湿气流影响，形成南亚热带山地湿润季风气候，全年气候温和，年平均气温15.3℃，年均降水量2758毫米，居云南省之冠，素有“雨城”之称。境内生物多样性非常丰富，广泛分布着山茶科植物。

佛殿山是西盟境内的主要山脉和古茶山，有生态茶园4万多亩，呈南北走向，具有独特的自然优势，山有多高水就有多高，时而云雾缭绕，时而阳光明媚，非常有利于茶叶内质的聚合。高山、茶园、村庄、采茶姑娘在晨雾中忽隐忽现。“红日出茶园”成为佛殿山的一道招牌景致，同时这里的云山雾海也形象地诠释了“高山云雾出好茶”的真正含义。

西盟县境内发现有野生古茶树群落四大片区，面积达6万多亩，主要分布在佛殿山脉，其特点是生长密度高，伴生在原始森林中的野生茶有的每亩达几十株；另一个特点是野生茶树品种多，在佛殿山的天池边发现大片的野生芽苞茶，又名滇南离蕊茶，同时还发现生长有野生油茶，又名云南连蕊茶等，有南亢野茶、勐卡野茶、班母野茶、大黑山腊野茶等，这些野茶品种成为茶学界研究茶树进化和变异的重要标本。使佛殿山成为一座宝贵的野生茶树种质资源基因库。古往今来，生活在周围的世居民族都到山中采摘各种野生茶饮用，野生茶还曾作为进贡佳品和得道高僧的日常饮品。

目前，当地政府为保护野生茶树种质资源，把佛殿山野生茶树群落生长区列为县级自然保护区。此外，还广邀国内外专家学者，结合佤山民族茶文化，借助佛殿古茶山的品牌优势和绝佳的生态环境，规划建设了5.3万亩生态茶园，漫山茶园里种植的覆荫树长势非常旺盛，成为佛殿山上一道亮丽的立体茶园风景线。

西盟佤族是1949年10月后从原始社会一步进入社会主义社会的“直过民

族”。在中华人民共和国成立前曾有零星种植茶叶，直到1964年阿佤人民才在佛殿山上开始规模化种茶。如今，佛殿山上建有数十个具有浓郁民族特色的茶叶初制所，承载着佛殿山生态茶系列产品的开发，推进茶叶基地向区域化、规模化、专业化、品牌化发展。其中，南亢彩云农民茶叶专业合作社被称为“隐于阿佤山上的人民公社”，不断引起人们的关注。

佛殿山

佛殿山民族祭祀活动

佛殿山民族祭祀活动

南亢彩云农民茶叶专业合作社的前身是西盟县力所人民公社南亢大队茶叶生产队，1971年由南亢大队从各生产队抽来27户98人，在山上开荒种茶，几年下来开垦种植了1000多亩茶园，茶叶由县外贸公司统购，采用统一生产、管理、销售、记工分、年终分红的集体化管理模式。如今的南亢彩云农民茶叶专业合作社虽历经了多次更名，曾经几次有人要收购茶厂，通过社员民主表决未能通过，大家还是信任老厂长扎发。拉祜族汉子扎发出生于1955年，小学文化，其貌不扬但办事公道，是伴随着茶叶生产队发展而成长起来的。他说：“我们是在共产党领导下，唱着《阿佤人民唱新歌》等革命歌曲长大的，有一种特殊的情感。”40多年来，合作社一直坚守着“分户管理、统一经营，按劳分配、集体决策、共同富裕”的合作社集体经营管理模式，社员销售茶叶是只记数量和级别，大家把茶叶加工、销售之后，年终进行核算分红，平时每人按月领取一定的工资，年满60岁后按月领取养老金。这或许成为全国茶行业里保存至今最为古老的茶叶专业合作社。

每逢重大节日，全社男女老少都身着盛装，敲锣打鼓，吹着芦笙，跳着各种各样的舞步，祭拜三佛祖，祈求茶叶丰收。逢合作社开会的日子，聚在一起，轮流着杀猪做饭、喝酒狂欢，歌唱“社会主义好”，感谢共产党。每天早上8点，下午6点都要在广播里播放革命歌曲，家里的墙上贴着很多人民公社时代的画报，都还会使用那时的茶具、什物等。它能特立独行几十年，人们也有不同的看法，这一定有许多未解的谜团，阿佤山本来就是一个神秘的地方。任何事物的存在都有其必然性和偶然性，用一种包容心去善待它吧。它也为人们多创造一个神奇的地方，增加一段曾经的情怀，增添一分精彩的生活。

长刀是佛殿山人家的不可或缺的生产生活工具。因此，铁匠这一职业在佛殿山得以传承下来，主要任务就是打制长刀。每年冬闲时节，正是扎克师徒二人最忙的时分，已是深夜，却还在赶制一把长刀。明后天，这把长刀将被村里人扎迫派上用场，因此耽误不得。当然，用刀之前必须把刀磨得锋利。冬闲时节要进行茶叶修剪。人们一般常见到的是用剪刀或割草机修剪茶叶。而在佛殿山，修剪茶叶清一色是用长刀砍齐。一刀下去，枝叶削平，干脆利落。使刀是山里人的生产技能，无论男女都能熟练用刀。他们相信，用刀修剪后茶叶来年会发得更好。

做客佛殿山，热情的主人家除了敬上一杯热热的香茶，隆重的还会从树林里捉回一头生态放养的猪杀了待客。西盟冬瓜猪俗称“荷包猪”“细骨猪”，喜欢湿热气候，接近半野生放牧饲养，饲料多以自产玉米、米糠、优质牧草及野生芭蕉秆为主，是云南的名优猪种，一般只能长到50公斤左右，个头虽然小，但有“冬瓜身，骡子屁股，麂子蹄”之说。是当地各族群众在长期的生产实践中选育而成的一个地方特有品种。冬瓜猪做成的菜肴肥而不腻、味道鲜美，皮薄骨细、营养丰富。有好肉当然要有美酒，这里一般只喝土法自酿的力所酒，被称为“力所茅台”。人们用佛殿山上生长的一种特有苍天乔木，把一筒巨木掏空做成蒸子，选上好的玉米为料酿制而成。肉香扑鼻，酒香沁心，热情的酒、歌让人陶醉，真挚的情感让人流连。

“月亮升起来，山寨静悄悄。”这是青年男女倾诉心声的佳期，也是品尝佤山

西盟县城风光

佛殿山上看日出

茶席的时光，佤族喜欢饮用的茶是“杠腊”，俗称“铁板烧茶”，是用一种独具一格的制茶方式制作。首先用壶将泉水煮沸，再用一块薄铁板（或铁瓢）盛上茶叶放在火塘上烧烤，茶色焦黄闻到茶香味后，将茶倒入开水壶内煮。这种茶水苦中有甜，焦中有香。

佛殿山的佤族还有一种古老的饮茶方式称作“擂茶”，即将茶叶加入姜、桂、盐放在土陶罐内共煮食用。这种饮茶法真实印证了《蛮书》中“蒙舍蛮以椒姜桂和烹而饮之”的记载。

如果烤茶喝够了，还可以品一款别具特色的米荞茶。米荞是西盟县特色农作物，也是佛殿山的一个传统产业，富含维生素P及多种人体所需的氨基酸和微量元素，是很好的养生食品，被誉为“五谷王中之王”。过去人们将它掺在米里一起煮成饭，美味可口，极富营养。今天人们把米荞经过一番特殊的烘焙加工之后做成了米荞茶，像茶叶一样冲泡品饮，这是阿佤人民为茶人奉献的一种新茶品。

这里拥有着蓝天、白云、碧水、青草、古树、茶园。这里是“木鼓之乡”、阿佤文化的“好莱坞”、一处人类社会历史发展的“活化石”、佤族文明的“博物馆”。“茶香佛殿山、醉美佤部落”，有空你也来瞧瞧。

● 南段古茶山：景迈古茶山的姊妹

南段山龙竹棚佛房

南段古茶山是中国与缅甸分界的山，主要分布在普洱市澜沧拉祜族自治县糯福乡的南段，洛勐、阿里、宛卡、戈的等村，共有茶园2.86万亩。南段村是南段古茶山的核心区，有720户，2400多人，茶叶是这里的主业，全村有茶园1.4万亩，其中古茶660多亩。南段茶山的茶园大多是改革开放后种植的台地茶。普洱市2010年开始实施生态茶园建设，把景迈山上的台地茶进行稀疏留养，从原来的每亩1000多株到每亩只保留200~300株后，茶叶产量虽然减少，但茶叶品质显著提升，价格明显提高。也影响带动了南段茶山进行稀疏留养改造，引进企业建设加工厂。

登上南段山海拔2150米的最高峰，山峰的另一边就是缅甸，两国边民经济生活往来方便。这里森林植被好，常年云雾缭绕，可以欣赏景迈山的远景，观古村落、古寺庙，游跨国长廊，赏异国山水。

龙竹棚老寨是目前普洱市拉祜文化保存最完整，风光最美丽的拉祜族寨子之一。寨子后有一稍高的靠山，山向两边延伸，寨子仿佛像坐落在一把龙椅上，当地人认为寨子所在地是一块风水极佳的宝地，寨子边自然生长着很多竹子，拉祜族的先民们就把这里叫龙竹棚。寨子最高处是神秘、庄重的佛房及神鼓。只要有拉祜族寨子，都要建一座佛房，佛房也有等级之分，龙竹棚佛房就统领其他多个寨子的佛房，其中包括缅甸的6个寨子，信徒要在这里祭拜后才能回到自己寨子的佛房祭祀，龙竹棚老寨佛房成为一个名副其实的“国际佛房”。

龙竹棚拉祜族寨子周边古茶园是南段茶山的核心区，主要分布在龙竹棚拉祜族寨子周围的群山之中，走进这里的古茶园仿佛是在景迈山大平掌，参天古树之下的茶树错落有致，稀疏合理，茶树的枝干上常长有螃蟹脚。螃蟹脚只有在生态环境特别好的古茶树山才会生长。

南段山与景迈山仅南门河一河之隔，南段古茶山与景迈古茶山的土壤、气候、雨量、植被等自然环境近似。南段古茶山种茶历史没有景迈山久远，茶种及种茶技术皆从景迈山传入，汤色黄绿明亮，香气蜜香，滋味醇厚，回甘持久。所以它的茶质、香气、汤色都与景迈山近似。当地政府结合茶资源、茶文化、拉祜文化、边界文化的自然禀赋，打造南段古茶山和“龙竹棚”茶叶品牌。在景迈山古茶林申报世界文化遗产项目时，南段古茶山也列入辐射、缓冲区域。所以南段古茶山被称为景迈古茶山的姊妹山。

南段山古茶园

● 易武古茶山

易武古茶山位于西双版纳州勐腊县易武镇西北方向，距勐腊县城约110千米，距勐醒镇30余千米。海拔656～2023米，年平均温度17.7℃左右，年降雨量在1800～2100毫米之间。易武地形东中部高，南北西三面低，东邻老挝。居住着彝族、汉族、瑶族、傣族、苗族等13个民族，少数民族占80%。易武山高雾重，土地肥沃，热量丰富，雨量充沛。茶区土壤主要为砖红壤、赤红壤、黄壤，土质呈微酸性，森林植被好，是种植茶叶的理想之地。

易武古茶山

易武早在东汉永平十二年（69年）汉明帝于哀牢地设永昌郡时就隶属永昌郡，唐乾符元年（875年）南诏国设银生节度，易武地区置名“利润城”。民国十八年（1929年）易武划归镇越县，1930年为镇越县城。1949年成立镇越县人民政府，1957年改设为易武县，1958年易武、勐腊两县合并易武县，驻勐腊。1960年改名为勐腊县，下设易武区。

据历史记载，易武在清初时“准以汉人伍善甫授易武土把总”，即为当地的土司。石屏人伍善甫因守卫边疆有功，成为世袭土司。清朝雍正年间，鄂尔泰任云贵总督时，在普洱设茶叶局，统管普洱府茶叶贸易。鄂尔泰勒令云南各茶山的茶园的普洱茶由国家统一收购，挑选一流制茶师手工精制，并亲自督办，进贡朝廷。易武成为方圆百里的茶叶集散地，勤劳聪慧的石屏人成为易武古镇的主要商家和茶工，易武街上建有文庙和石屏会馆，商铺、茶庄林立，生意兴隆，人丁旺盛，内地茶商和马帮往来不绝。易武是一个以茶叶种植、加工、交易而形成的边陲重镇。

易武古茶山是清朝后期云南版纳茶区著名的“六大茶山”之一，成为了六大茶山中面积最大，最繁华的茶马古镇和茶叶加工集散中心。据史料记载，清嘉庆、道光年间，易武山每年产干茶7万余担。所产普洱茶由马帮运往普洱府，一路经墨江、昆明、四川，达京城；另一路经景东、大理、丽江，达西藏，再运往印度、尼泊尔等国。

易武古茶山

乾隆年间檀萃著《滇海虞衡志》载：“普茶名重于天下，出普洱所属六茶山，一曰攸乐、二曰革登、三曰倚邦、四曰莽枝、五曰蛮砖、六曰曼撒，周八百里。”清光绪年间绘制的《思茅厅界图》表明，古“六大茶山”都在澜沧江东岸。攸乐茶山现属景洪市，其余五大茶山均在勐腊县。其中，曼撒在易武镇，革登、莽枝、蛮砖、倚邦在象明乡。光绪年间的《普洱府志》中将六大茶山的曼撒换为易武。

易武在唐代属南诏银生节度管辖，元代属车里宣慰司，雍正七年（1729年）设普洱府，将车里宣慰司所辖的澜沧江以东的六个版纳划归普洱府。普洱府对茶垄断经营，推行“茶引制”，即“茶叶税”的管理。但由于普洱府附近的宁洱、思茅、墨江等地交通四通八达，当地茶农偷逃茶叶税收严重，普洱府对这些地方开征“茶树税”，在双重税收下，于雍正十年引发茶农暴动，毁掉茶树以免除税收。同时在西双版纳的“六大茶山”等地实行屯垦戍边政策，进行规模化种植茶叶，使成千上万的石屏、建水的茶商茶工涌进易武等地，经过四五十年的开拓，易武新增茶园3万亩以上。乾隆初年，易武茶山成了普洱府的贡茶采办地。到乾隆末年形成百里易武茶区，山山有茶园，处处是村寨，商旅来往不绝，悠悠古道上，行人马帮往来于此，一派繁荣景象，易武成为云南最大的普洱古茶山。

21世纪初，随着普洱茶的复兴，易武古茶山迎来发展新高潮。在易武古茶山这面品牌大旗下形成麻黑村、落水洞村、曼撒村、刮风寨、新寨、大寨等“七村八寨”及薄荷塘、天门山的小众品牌，实现大品牌引领小众品牌，小众品牌推动大品牌的营销格局。易武古茶山古茶树多为大叶种茶，条索肥大粗壮，汤质柔和顺滑、蜜香高扬、苦涩感低、滋味较为厚重、回甘生津持久，山野气韵强。

● 老班章古茶山

老班章古茶园

老曼峨古茶园

老曼峨古寨

老班章古茶山位于勐海县布朗山乡老班章村，距离县城约60千米，西与缅甸相连，海拔1600～1900米，年平均气温18.7℃，年均降雨量1341～1540毫米。

在老班章古茶山声名鹊起前，人们通称布朗山古茶山，如今因老班章名气太大，新班章、老曼峨都归属老班章古茶山，布朗山在外界仅仅只是个行政乡。

布朗山布朗族乡位于勐海县东南部，乡镇政府驻地勐昂，海拔1220米，距勐海县城91千米。布朗山乡是我国布朗族最大的聚居区，也因此得名。布朗乡共有53个村寨，总人口1.6万人，其中布朗族1.1万人，其余为哈尼族、拉祜族和汉族等。

布朗族是古濮人的一支，是云南最早种茶的先民之一，布朗族人迁入落户布朗山的历史已近1400年。

老班章古茶山主要包括老班章古茶园、老曼峨古茶园、新班章古茶园等，尤以老班章在云南茶界成为“第一名山”。

以老班章茶为例介绍一下影响茶叶品质的五个要素：

第一是土壤，俗话说："树的主干有多高，主根就有多长；树幅有多宽，须根有多长。"因此古树茶和稀疏乔木留养的茶树是以汲取土壤矿物质的养分为主，而密植、矮化、丰产的台地茶是以吸收人工增加的养分为主；第二是茶叶品种，云南有近百种茶叶品种进入国家级、省级、州（市）级良种，有些品种间差异不大，而有些品种的差异性则较大；第三是自然条件，茶园周边的植被，所处地的海拔、气温、降水及空气的洁净度等；第四是种养模式，茶园种植主要有满天星式种植、地埂茶种植、台地茶种植（现代丰产茶园），以及对台地茶改造升级的"稀疏乔木留养及仿古留养"模式几种；第五是茶叶加工工艺，茶叶加工技术只要茶农有学习的强烈愿望，只需几天就能学会。

老班章古茶山的茶树品种来源于老曼峨，是当地布朗族人在长期的生产和生活中，对当地野生茶种进行培育驯化的结晶，老班章茶的特征为茶气重、回甘好，叶片大、花果少。但在特殊的老班章茶种里又分"苦茶"和"甜茶"。这里"老班章苦茶"和"老班章甜茶"仅仅是当地茶农对两者相比较的称谓。但老班章这两个品种都比其他云南大叶种更苦。例如，属勐混镇贺开村委会的邦盆老寨古茶园与老班章古茶园相连，仅有一埂之隔，因邦盆茶树品种与老班章的不一样，虽然在土壤、海拔气候、种养管理、加工工艺都基本相似的条件下，但茶叶的口感品质相差很大，茶叶价格也相差甚远。

老班章古茶园

老班章茶种目前已成为一个地方优良茶种，在西双版纳、普洱、临沧等地都有引种栽种和嫁接，但因土壤、气候、树龄等条件不一样，一般难以达到班章茶的口感品质的高度，但良种的更换会比原来的品种更优，也为各茶区增加一种新口感的产品，为未来普洱茶"进入品配时代"打下基础。

老班章古茶园 是哈尼族的茶园，是云南省知名度最高的一片古茶园，现有古茶5870亩，树龄在200多年左右，另有新茶园720亩，年产茶叶50吨左右。这片古茶园分布在老班章寨子周围及附近的森林中，海拔1600～1800米，这里的森林植被保护较好。

班章是布朗语“巴加”的汉语音译，是“鱼”的意思。相传这里原是老曼峨布朗族的领地，后来布朗族头人的女儿嫁给一个哈尼族小伙，就把这个地方陪嫁给女儿，从此这里就成了哈尼族寨子。老班章现有人口130户，500余人，寨里家家户户以茶为生，亦因茶而走向富裕路。

新班章古茶园 海拔1600～1700米，有古茶园1380亩，新茶园近2000亩。因古茶树比老班章更小，口感略逊色些，茶园知名度更低，茶价也要低得多。

新班章距离老班章7千米左右，也是哈尼族村寨，因老班章人多地少，部分人搬迁出来建立的新村，亦称新班章。

老曼峨古茶园 老曼峨位于西双版纳州勐海县布朗山乡老班章村，是一个布朗族寨子，有人口156户，760人。“曼峨”在傣语里是“芦苇寨”的意思，老曼峨寨子是原著名的“布朗山古茶山”核心区之一，也是“老班章茶种”的发源地，距离新班章距离5千米。

地处海拔1300～1600米，年平均温度20～23℃。有古茶园3200亩，分布在该村四周的森林之中，有新茶园2000余亩。

老曼峨古茶园是西双版纳州最具民族文化和茶历史的地方，面积大而且连片，民族文化保留较完整，茶树品种资源独特且丰富，被称为西双版纳茶区的“茶叶历史文化的自然博物馆”。

老曼峨茶的特点：茶叶肥壮，口感饱满、香气浓厚、茶气猛烈、苦味厚重、回甘生津悠长。“从头至尾”透出的一个“苦”字，所谓“苦尽甘来”是老曼峨茶最鲜明的特点。

● 南糯山古茶山

南糯古茶山属勐海县格朗和乡，位于景洪到勐海的公路旁，距勐海县城 24 千米，是西双版纳有名的古茶山，是距州府景洪市区最近的茶山，也是西双版纳州风景最美的茶山。

南糯山海拔 1200～1600 米，年降水量在 1500～1750 毫米之间，年平均气温约 17℃，非常适宜茶树生长。

南糯山植被茂密，常处于云雾笼罩之中，高山云雾出好茶，因而茶叶品质极佳，从古至今都是优质普洱茶重要的原料基地，南糯山茶叶品种为大叶种，是国家级良种“勐海大叶种”的原产地。

南糯山相传有 1700 多年的种茶历史，也是澜沧江下游流域著名的古茶山。唐代南诏时期，居住在南糯山布朗族的先民（即濮人）一直在栽培利用茶树。1100 多年前，布朗族的先民迁离了南糯山，不知去向，而他们遗留下的茶树被随后迁来的哈尼族所继承。据当地人讲，他们从普洱市墨江县迁来南糯山定居已经有 57 代了。

千百年来，哈尼族人不断对南糯山的茶树进行种植管理。至清代，南糯山茶园面积达 1.5 万亩，年产干毛茶 300 多吨，运往普洱、勐海等地加工成普洱茶，再销往海内外。

1938 年，民国政府在南糯山创办了思普茶叶试验场，开展茶叶种植与制茶。1940 年设立南糯制茶厂，从印度购进揉捻机、切茶机、烘干机等 6 部制茶机器，收购鲜叶或晒青毛茶，加工成红茶、紧压茶，销往境外，南糯山也因此成为云南机制茶的发祥地。

但后来因销路不畅，使南糯种茶场茶园到 1949 年 10 月时大部分已荒芜。1950 年，南糯山茶叶产量仅 16.5 吨。

1951 年 8 月，云南省农业科学院茶叶研究所在南糯山成立，接管了南糯种茶场和制茶厂，迅速恢复了南糯山的茶叶生产。1953 年南糯山茶叶产量恢复到 62.5 吨，1958 年上升到 193.1 吨。同时，在省茶科所的科技支持下，南糯山成为云南台地茶和无性系茶苗栽培试验示范点。

南糯山保存有丰富的古茶树资源。20 世纪 50 年代初期，在南糯山半坡老寨发现了一株高 5.5 米、基部茎围达 1.38 米的古茶树。这株古茶树虽然老态龙钟，但依然枝繁叶茂，被尊称为“茶树王”。后经多学科专家综合考察论证，“茶树王”树龄达 800 多年，属栽培型茶树，茶树王的威名也迅速在国内传播开来。

20 世纪 80 年代中期，随着通往“茶树王”所在古茶山的公路修通，慕名前往南糯山考察、探访，参观茶树王的专家、学者、游人不断增多，以目睹茶树王的风姿为荣。但由于周边环境的破坏及过多人为的影响，1995 年秋这株“茶树王”不幸“仙逝”。

南糯山是西双版纳历史最久、面积最大的古茶区之一。现存古茶园 1.2 万亩。南糯山古茶苦涩微弱，回甘较快，生津好，香气以淡雅的兰香、蜜香为主。南糯山有迷人的风光，古朴的哈尼寨子，丰富的古茶资源，凉爽宜人的气候，便捷的交通，成为西双版纳茶山旅游的最佳之地。

南糯山古茶

● 贺开古茶山

贺开古茶山位于云南西双版纳州勐海县东南部的勐混镇贺开村委会，距离勐海县城约 30 千米，与班章古茶山相邻。

贺开古茶山包括贺开、曼蚌两个村委会 7 个寨子，海拔在 1400 ~ 1700 米之间。东接帕沙古茶山，南接老班章古茶山，面积约 50 平方千米，现有连片古茶园近万亩，古茶园主要分布在曼弄新寨、曼弄老寨、邦盆老寨、曼迈、曼囡等拉祜族寨子。

贺开古茶山气候温暖，日照充足，雨量丰沛，土地肥沃。土壤多为红壤，植被保护好，物种丰富。古茶山茶树面积连片，有古茶面积 9700 多亩。

拉祜族是中国最古老的民族之一，源于生活在青海湖流域的古羌人，早期过着游牧生活，约在春秋战国时期，举族迁入云南。

拉祜族是历史上一个较弱小，常被外族欺凌的民族，为躲避外族侵扰，拉祜族多居住在山区，尤其喜爱靠近大森林居住，与外界接触少，因此拉祜族社会发展程度较低，直到 20 世纪 50 年代，西双版纳的拉祜族还大多不会讲汉话。

贺开最古老的拉祜族寨是曼弄老寨和邦盆老寨。因曼弄老寨人越来越多，一部分人搬迁到新地方，就称曼弄新寨。而贺开古茶山最出名的是曼弄新寨古茶园和邦盆老寨古茶园。

曼弄新寨到邦盆老寨相距 7 千米，曼弄新寨古茶树多种在其他大树下，规模连片，举目望去茶树形状各异，有的茶树干弯曲苍劲，有的修直展臂，有的树冠如伞，一幅幅茶林与村寨和谐的美景，茶树在寨子里，寨子在茶林中。

贺开古茶

邦盆老寨距老班章寨子仅 3 千米，两寨的古寨园交错相连，邦盆老寨为拉祜族寨子，有 120 多户人家，建筑以干栏式木楼为主。拉祜族人善于竹编，喜欢种竹子，寨子四围被竹林所包围。

邦盆老寨年纪大一些的拉祜人还习惯喝烤罐茶，喝法是把陶罐加热后放入干茶，在火塘边用文火烤热至焦，而后冲入开水，待“滋”的一声响后将泡沫捋去，再将茶汤倒入竹杯里，烤罐茶茶汤清香，回甘好没有苦涩味。这种茶俗在云南山区各少数民族中很普遍，这还是南诏国时期就有的饮茶法，这种延续了 1000 多年的饮茶习俗，传递着一种历史信息，承载的是一种历史文化。

贺开古树茶具有条索黑亮紧结、稍长，汤色金黄明亮，稍苦涩，涩显于苦，苦化甘较快，涩稍长，汤质饱满，山野气韵较强，杯底香明显且较持久等特点。

贺开古茶

● 冰岛古茶山

冰岛古茶山位于临沧市双江县勐库镇冰岛村委会，距离勐库镇镇政府25千米，距离县城44千米。海拔1400～2500米，年平均气温18～20℃。全村面积2.5平方千米，下辖冰岛老寨、坝歪老寨、糯伍老寨、南迫寨、地界寨五个自然村寨。

冰岛（又名扁岛和丙岛）。傣语意为用竹篱笆做寨门的地方。冰岛村居住着汉族、傣族、拉祜族、佤族等民族。关于冰岛茶的来源有两个版本。

版本一：明成化二十一年（1485年），勐勐土司罕庭发命勐库大圈官在冰岛修建佛寺，派人从西双版纳选种200余粒种子，在佛寺周围种植成活150余株。

版本二：明成化二十一年（1485年），西双版纳勐海傣族土司把女儿嫁给勐库土司的儿子，女儿出嫁时特地挑选了200多粒茶种子陪嫁，种于冰岛老寨，终成活150余株。

据当地二次茶树资源普查：1980年调查时尚存首批引种30余株（树龄约500年）；2003年3月调查，冰岛村共有200～500年的古茶树1000余株，这些古茶树是形成勐库大叶种茶的种源，所以冰岛茶名副其实的成为勐库大叶种的发祥地。

知名茶叶专家高照教授认为：双江、勐库栽培型茶树的品种，大多数优质的茶种是明清时代从西双版纳茶区引种到临沧双江，随后传到云县、凤庆等地，形成了今天中国最重要的茶树品种，如勐库大叶种、凤庆大叶种等。”

茶种从茶树原产地的景东无量山、哀牢山向景谷、宁洱、澜沧外传，传到西双版纳勐海、勐腊，再传到临沧双江等地，在不断传播过程中，使杂乱的品种不断得以择优提纯，一些品种到一个新的环境种植，在不同土壤气候条件下会产生变异优化或退化，形成特殊品质，成为一个新的品种。20世纪30年代，民国政府在云南大力发展茶产业，勐库大叶种因叶片大，芽头肥壮，方便采摘，口感香气好，成为当时云南各地发展茶叶的主推品种。到80年代勐库大叶种茶入选国家级良种。在冰岛五寨中，品质以冰岛老寨为最优，而使冰岛古茶享誉中外。

地界老寨 有古茶园100余亩，茶树大多生长在寨子周围，树龄100年以上的古树茶有3000多棵，因古茶园地处阴坡、土壤肥沃等因素，茶树的身姿较高大、粗壮。

南迫老寨 茶树分布比较零散，多为种于田间地头的地埂茶，与古核桃树交混

冰岛村

冰岛古茶

生长；勐库镇现存的最大人工型栽培古树就在南迫老寨。

坝歪老寨　有古茶园近400亩，300年以上的古茶树几乎种在拉祜族寨子周围，而汉族寨子周围的茶树就要小得多。

糯伍老寨　现存古茶园近60亩，茶树大小和坝歪比较相似。干茶条索色泽墨绿油润，绒毫多，叶质肥厚柔软，叶背微隆，叶脉明显，芽头白嫩。

冰岛老寨　现有52户人家，傣族25户，拉祜族5户，汉族22户。茶树多分布于寨子周边和房前屋后，面积有200余亩，其中树龄有200～500年的古茶树有300余株。冰岛老寨位于海拔1500～1800米的山坡，但土壤与其他四个寨子不同，以红壤杂石土为主。这能很好地证明茶叶品质好劣决定于土壤成分、茶叶品种、海拔气候、留养模式、加工工艺五大要素。在冰岛村各寨中茶叶品种、海拔气候、留养模式、加工工艺都大同小异，但因冰岛老寨土壤特殊，土壤中的矿物质成分不同，所以茶叶口感、品质差异较大，茶叶价格也差距较大。

冰岛老寨茶叶主要特征：冰岛茶味入口时很平淡，苦涩度极低，但随后整个口腔都充满清凉的茶味，回甘好，有特殊的冰糖“甜”味，入喉生津持久，茶汤明亮，饱满度高，有蜜糖香，冷杯高香。

普洱茶的品质好劣难以用简单的苦涩度、香气、颜色等来判断。老班章的古茶以苦涩度高，茶气刚烈而著称。从苦涩度的角度看，老班章和冰岛老寨处于完全不同的高、低度，故普洱茶界才有“班章为王，冰岛为后”之美誉。

● 邦东古茶山

邦东古茶山隶属临沧市临翔区邦东乡的大雪山东麓，大雪山最高海拔 3429 米，为临沧最高的山峰。邦东古茶山主要处于大雪山腰部，海拔 1000～2200 米。地处澜沧江中游，与普洱市的景谷县、镇沅县隔江相望，有“头顶大雪山，脚踩澜沧江”的地理区位。

邦东乡距临沧市区 60 余千米，原来包括昔归古茶山和大雪山部分。因昔归茶知名度更高，茶质、茶气不同，已另立门户，所以帮东古茶山不包括昔归古茶山和大雪山古茶山；因大雪山面积太大，涉及古茶山太多，为避免混淆，大雪山主要以野生茶资源为主。

邦东古茶山上的凉亭

邦东古茶山

邦东地处澜沧江西岸，行走在山腰的县乡公路上，去领略邦东的景色。冬季低头看脚下的云海，澜沧江上茫茫云海，蔚为壮观，“邦东云海”已成当地一景。冬春之季，仰望山顶白雪皑皑，大雪山总面积 160 平方千米，主峰最高海拔 3429 米，是澜沧江下游最后一座低纬度雪山。山腰林海莽莽，四季山花盛开，山间瀑布、溪流终年清澈不竭，常年轻云缠绕，时聚时散，形成“一山有四季，十里不同天”的立体气候，“高山云雾出好茶”是这里最好的写照。

邦东古茶树龄多在 100～250 年间，树干径围在 80～120 厘米的较为常见，邦

邦东古茶山下的澜沧江

东大叶茶为云南省级茶树良种。邦东茶又叫黑大叶茶（1986 年由省茶科所在邦东乡曼岗村命名），条索紧结重实、柳条状，黑而油润，有芽细、条乌、茎秆暗紫的特点。

邦东古茶山有得天独厚的地理条件和自然环境，有厚重的人文底蕴和丰富的物种资源。

邦东古茶山土壤以黄沙壤为主，伴生大量临沧花岗岩，为大小不一的独立岩石，形成"乱石成阵，万茶成林"的地理风貌。邦东古茶园砂石地质较多，土壤富含矿物质和腐殖质，土质疏松，土层深厚。

陆羽的《茶经》中就有"上者生烂石，中者生砾壤，下者生黄土"的描述。生长于石缝里、乱石堆中的茶树，吸水性强，排涝性好，矿物质成分丰富，有利于茶树根长得深，为此历来为中国茶界所推崇。

邦东古茶山的岩茶被命名为"石介茶"。石介茶就是茶多生长于两石之间，即石缝之间长出来的茶叶，茶树生长旺盛，茶与石共生，故被徐亚和先生取名"石介茶"。

在中国岩茶中最出名的为武夷岩茶，贵州省很多喀斯特地貌的石灰岩山地大量发展茶叶，"贵州岩茶"近年在茶界开始声名鹊起。而云南岩茶主要分布于澜沧江两岸，以西岸临翔区的大雪山邦东岩茶，东岸景东无量山的金鼎山岩茶和凤冠山岩茶等为代表。但云南岩茶的文化价值和经济价值尚未得到挖掘。

邦东古茶有"三奇"，一奇是根深叶茂的古茶树与岩石混生共存；二奇是海拔落差大，奇山险峻，云遮雾罩；三奇是茶有野花芬芳味、爽口甜美、滋味醇厚，独具"岩韵花香"的地域风韵。

邦东茶独具"岩韵花香"的特点，汤色青黄透亮、香气高扬、花果香明显，茶汤口感饱满，回甘生津持久，爽口甜美。

● 白莺山——千年佛茶之乡

白莺山位于临沧市云县漫湾镇大丙山，地处澜沧江西岸，与国家级自然保护区无量山隔江相望，从漫湾电站大坝而上十余千米就进入白莺山。过去水流湍急的澜沧江水，如今变成高峡出平湖，白莺山下的千年古渡羊街渡已淹没于江底，曾经的渡口、木船、马帮、古道等已成历史，只有无数的精彩传说流传在民间。

传说白莺山最早是叫白鹰山，有一群白色的大鹰在此栖息，宛若一树白花，因此被称为白鹰山，但大鹰经常猎食村民的家禽，常发生人鹰矛盾。后来当地人把“鹰”改为“莺”，白鹰就不再以家禽为食，而以山中老鼠、蛇等动物为食，人鹰和睦相处。后来这群白鹰飞回喜马拉雅山，“白莺山”这一称呼也保留至今。

白莺山古茶园地处大丙山（主峰海拔 2834 米）中部，海拔 1800 ~ 2300 米之间，南北纵距 6000 米，东西横距 1600 米。白莺山古茶山包括白莺山和核桃林 2 个村民委员会，共 25 个村民小组，人口 722 户，3098 人，以布朗族、拉祜族、彝族、汉族等民族为主。其中彝族支系中的俐侎人是当地最特殊的民族，保留着自己的服饰、习俗等。传说古时生活在澜沧江的古濮人，一个族群称“侎俐人”，临沧地区叫“俐侎人”，集中生活在无量山的凤冠山、金鼎山一带，后来与其他民族发生冲突，整个族群迁出无量山，从羊街渡过江，居住在白莺山，后来又有一部分俐侎人迁往永德等地。

白莺山下的澜沧江

白莺山古茶树

白莺山古茶山的茶园面积为1.24万亩，茶树有野生型、过渡型、栽培型，百年以上的古茶树有184万余株，白莺山茶种有勐库大叶种及本山茶、二嘎子茶、黑条子茶、白芽子茶、贺庄茶、藤子茶、柳叶茶、豆蔑茶等10多个本土品种，白莺山古茶山属满天星式种植，茶树散落在村子周围的地埂上，分布地域广，茶树较高大，有的大茶树需两人才能合抱，被誉为临沧茶区的“茶树资源博物馆”。白莺山古茶品种资源丰富而杂乱，部分品种跟无量山的金鼎山和凤冠山古茶品种资源相同，但茶树的树龄和树干普遍没有金鼎山和凤冠山的古老。地梗茶这一种植模式也与凤冠山、金鼎山极其相似，因两地相距不到100千米，仅以澜沧江相隔，推理应该是俐佅人在迁移时带去的茶种所种植。

白莺山古茶树

白莺山茶色泽墨绿油润，清香宜人，茶汤清亮晶莹，花果香浓郁，汤面有油润感，滋味丰富有层次，生津回甘快，口感独特，苦涩味淡。

传说白莺山古茶最早种于唐代，唐宋时期，雄踞南方的南诏国和大理国，国都大理与白莺山的距离只有3~4天路程。南诏国和大理国时佛教之风大盛，在白莺山建有大河寺，位于茶马古道边，因交通便利，引来修行的僧众不断在这里云聚，于是，在漫长的岁月里，僧众们在讲经修行的同时，也广种茶叶，为全国各地寺院专供佛茶，“千年佛茶之乡”就此诞生，云南最早的佛茶文化也在这里得到发扬。

白莺山现立有一石碑，由中国书法大家沈鹏先生书写“中国佛茶圣地”的碑文。千百年来佛与茶在此结缘，一禅一茶，不同民族、不同宗教、不同文化相融相生，也因此使白莺山成为“禅茶一味”的最佳诠释之地。

明朝大旅行家徐霞客游历云南时，从大理到昌宁、凤庆、云县，原计划从羊街渡过澜沧江到景东无量山，因江水暴涨，木船不能摆渡，无奈只能从羊街渡折回，翻越白莺山，二进凤庆返回大理。

白莺山人把茶当成图腾，他们有一个古老的习俗，无论迁徙到哪，都要在房前屋后栽种茶树，每年在采摘春茶前，都要祭茶祖，祭天地神灵，朝拜茶树王。他们盖新房要洒“土地茶”，挖房基要垫“奠基茶”，竖房架要挂“上梁茶”，定婚要送“定亲茶”，求婚要送“提亲茶”。茶不仅是白莺山人的支柱产业，也注进了白莺山人的骨髓里，更融进了白莺山人的精神世界里。

白莺山古茶山

● 昔归古茶山——因渡口而诞生

昔归古茶山位于临沧市临翔区邦东乡昔归村的忙麓山，离村委会 12 千米，距乡政府 16 千米。面积约 4 平方千米，海拔 750 ~ 900 米，年降雨量 1200 毫升左右。昔归茶内质丰富十分耐泡，茶汤浓度高，滋味厚重，汤色明亮清澈、香高气扬、滋味微涩甘甜，喉韵沉香鲜爽、茶气醇厚、回甘生津。

在昔归发现有距今 4000 年的新石器遗址，这是早期生活在澜沧江领域的古濮人的遗址。忙麓山风光秀丽，自然景观十分迷人。土壤为澜沧江沿岸典型的赤红壤，森林植被为亚热带雨林，林间常见红椿、香樟、大叶榕、牛肋巴、橄榄、野生芒果等植物。昔归忙麓山地形特殊，澜沧江对岸是普洱市的镇沅、景东地界，地势平缓，昔归东面是临翔区的大朝山和景东县的长发山，两座高耸矗立的大山“锁住”澜沧江，使沿江而上的气流在此滞留，形成独特的气候，降雨充沛，森林植被好，空气湿度大，有利于茶树生长。忙麓山除小气候环境外，土壤与周边不同，但与冰岛老寨的土壤很相似。

昔归茶知名度非常高，在普洱茶界无人不知晓，昔归茶因古渡口而形成。自古就有高山云露出好茶之说，可昔归茶却颠覆了这一说法，把茶树种在海拔 700 多米的江边上，成为中华人民共和国成立以前云南茶叶种植海拔最低的古茶山。这是哪位牛人做到的？此人名叫苏三宝，人称苏三大人。

明洪武十八年（1385 年）。麓川（今瑞丽）土司思伦法率众数万人攻景东，打通临沧地区通往景东等地道路。《缅宁县志》载：“澜沧江上渡，即本县之戛里渡。距城东 140 里，为通景要津，设船以渡。”戛里渡口是当时缅宁至景东、云州至景东这两条茶马古道在澜沧江的重要交通要塞。

苏三宝，1829 年出生在楚雄州双柏县大庄镇的一个汉族农民家庭。少年习武，练就一身好武艺，长大后流落到了戛里铜矿做苦工，后来参加杜文秀、李文学领导的滇西回族、彝族、哈尼族等农民起义，成为义军首领，在与景东陶府的傣族军队作战中，作战勇敢，战功卓著，义军攻陷景东陶府，战后向上禀报了苏三宝的战功，大理政权的“总统兵马大元帅”杜文秀授苏三宝为“征东大将军”，驻兵戛里（小厂街），并兼戛里铜矿头领。

后来苏三宝被朝廷招安封为“义勇正图董”，并赏花翎副将军衔，但因不识文断字，没有去任职，留在戞里当土豪，人称“苏三大人”，控制着无量山以西的曼等、景福、永秀、里崴、振太等地区。后又出兵参加平息云州（今云县）一带的地方叛乱，因参加平叛有功，清廷把缅宁（临翔区）的平村、邦东的澜沧江戞里渡封赐给苏三宝。

苏三宝凭借朝廷封赐和手中兵权，牢牢控制戞里渡口；扩建戞里铜矿厂，到安板井开盐井。在他控制戞里渡口的40多年时间里，因景东人过江要从西方的临沧归来，就把戞里渡称为“西归渡”，再后来就称“昔归渡”。

苏三宝从邦东找来茶苗，在临沧县昔归渡的忙麓山开地种茶，男人以划船打鱼为主，女人以种茶为业。因在忙麓山种茶时把山中的大树保留了一部分，使昔归今天形成“林中有茶、茶中有林”的风景，昔归茶以藤条茶模式留养为主，茶叶汤色黄亮，入口醇和滋润，回甘好，杯底留香持久。

同时，苏三宝还在景东县长发山的“大扁山炮台”边开垦茶园，让看守炮台的人也兼做茶工，目前还保留有古茶树500余株，成为当地最名贵的茶叶。在景东、云县、临沧开设“允丰号”从事经营活动。有多个马帮来往于各地，把铜矿、食盐、茶叶等生意做到景东、临沧、云县等地，在澜沧江两岸称霸40余年，成为不向晚清朝廷纳贡上税的“土皇帝”和豪绅。

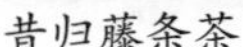

昔归藤条茶

昔归古茶

苏三宝家族在民国初年被民国政府派重兵剿杀，并被定性为“叛匪苏三宝”，家财被洗劫一空，后来蔡锷主政云南，判归还土地房产给苏三宝后人。但他在100多年前，无意间种下的这几百亩茶树，如今成为后人一座采之不尽的“金矿”，所以说昔归古茶山是因澜沧江渡口而诞生。

伴随着昔归茶的芳香，一个有历史争议的豪绅，一段不为人知的故事，留下一片神奇的茶山。如今，墨江到临沧的高速公路从昔归跨江而过，澜沧江上呈现“高峡出平湖，一桥飞架南北”的壮观美景。在这个江岸茶山上，从久远的新石器古人类遗迹，到悠悠古道上行走的马帮，摆渡在江面上的木船，茶山上唱歌采茶的山妹子，再到慕名而来的茶人游客，正在规划建设的特色小镇，不仅记录着昔归的过去，还在谱写着昔归的将来。

澜沧江上的昔归大桥

● 玛玉古茶山

玛玉古茶山地处红河州绿春县骑马坝乡玛玉村，距离绿春县 105 千米。东邻黄连山，南邻坝嘎，西邻哈育村委会，北邻黄连山。辖玛玉、爬车甫巴阿鲁门卡、夫哈、上卡欧、下卡欧 5 个自然村。玛玉古茶山核心区的村委会海拔 1250 米，年平均气温 17.9℃，年降水量 2000 毫米左右。

玛玉古茶山茶树王

玛玉古寨

绿春县地处红河州西南部，东与元阳、金平两个县接壤，北与红河县相连，西北连墨江县，西南隔李仙江与江城县相望，东南与越南毗邻。

绿春县于 1958 年 7 月 15 日正式成立，分别从金平、元阳、红河、墨江 4 个县划出部分地方组建而成，国土面积 3096 平方千米，辖 9 个乡（镇）；现有人口 23 万余人。绿春原名六村，1958 年建县时，周恩来总理依据境内“青山绿水，四季如春”的特点，亲自定名为绿春。

玛玉古茶山地处黄连山国家级自然保护区边缘。黄连山国家级自然保护区位于绿春县境中南部，东南面隔中越界河与越南人民共和国的勐艺国家级自然保护区相连。黄连山为哀牢山南段三个分支中的中支，呈西北—东南走向，地势北高南低，主峰瑶人河源头，海拔 2637 米。

玛玉山寨名字的来源：相传 400 多年前姓李、姓汪、姓朱、姓卢的 4 个结拜异姓哈尼族兄弟，从墨江一个叫那哈的地方搬迁到这里安家落户，在开挖建房座基时挖到一窝奇大无比的蚂蚁穴，就把这个山寨叫蚂蚁寨，后来用了谐音玛玉寨。

写玛玉茶就迈不开普洱市的墨江县。据墨江县有关资料记载：历史上的骑马坝、大黑山等乡（镇）的大部分地方属墨江县的坝溜乡，清代坝溜属他郎善政里，民国时称坝溜乡，1949 年中华人民共和国成立后称坝溜区，1954 年将老百、卧马、三楞、土堆、东沙、莫落、玛玉等地划归绿春县的骑马坝乡。

玛玉古茶

玛玉茶因发现于玛玉村而得名。玛玉茶曾参评 1980 年首届云南名茶评比，荣获“云南名优茶”称号，从此在云南茶界占有一席之地。玛玉村地处亚热带雨林气候，雨量充沛，土壤以棕壤、红棕壤为主，土壤富含矿物质成分，肥力好，非常适合茶树生长。

“玛玉茶种属栽培型地方优良群体种，乔木主干明显，分枝稀疏，叶片较大，形椭圆，成叶深绿色，嫩芽黄绿色，芽肥壮，发芽整齐，持嫩性强。采一芽二叶的晒青茶内含茶多酚 30.96%，咖啡因 4.79%，儿茶素总量 18.74%，水浸出物 42.94%；晒青茶外形粗壮，色泽乌黑，汤色明黄，苦涩不显而甜滑，适合加工绿茶、红茶、普洱茶。”

玛玉古寨周边目前较大的古茶树有 300 余棵，被矮化的古茶 300 余亩，其中寨脚河边海拔 1080 米的地方，有一棵目前玛玉村最粗大的古茶树，从根部分为两枝，较大的一枝的基部径围 1.3 米左右，树高 10 余米，是目前绿春县发现最大的栽培型古茶树，估算树龄 400 余年，被称为“玛玉茶王树”。

哈尼族是云南最早种茶、用茶的先民，哈尼族人迁移的过程就是一个茶种源传播的过程。哈尼人在创造灿烂的茶文化同时也开创了让世人震撼的哈尼梯田。

玛玉古茶山四周被原始森林包围，高山云雾笼罩，让这里成为高山云雾出好茶的最好写照，哈尼梯田、村庄、茶园的合理布局，使这里，成为人与自然和谐大美的典范。

● 马鞍底古茶山——云南茶界一朵奇葩

茶友李琨和张彦辉从红河州金平县马鞍底乡回来，听其介绍并看了他们的照片，让我产生了浓厚的兴趣。我目前正在写一本有关云南普洱茶的书，也需增加红河茶区的篇幅。说走就走，第三天王文贵我们一行四人就从普洱出发，开启江城—绿春—元阳—金平的哈尼茶山之旅。

因心系茶山，沿途美景只能透过车窗去领略，壮观的哈尼梯田，险峻的红河谷，滔滔红河水都只能留在脑际。

车到了红河一座大桥头，在桥上停车拍照，想走进中越边界看看，执勤的同志告诉我们："可以进去看，但不能下河。"走到界碑前留影，清澈的龙脖河在此汇入红河，两条河水泾渭分明，河对岸是越南高高的哨塔，很是显眼，因天气太热，我们只看了一会儿就上车沿龙脖河前行，龙脖河的对岸是越南，河谷两岸种植的作物区别很大，越南以种植玉米、水稻、木薯为主，中国这边以种杧果、木瓜、香蕉、菠萝、火龙果、荔枝等热带水果为主。如果没人给我们介绍，我们一定会认为这是中国的山村，只是那边发展更慢些。

马鞍底古茶山位于红河州金平县马鞍底乡的地西北村。马鞍底乡位于金平县城东部，北与勐桥乡为邻，东、南、西部与越南老街省坝洒县逈底乡和莱州省封土县瑶山乡接壤，是个三面与越南国家相邻的乡（镇），国境线长达 156 千米，国土面积 284.7 平方千米。乡政府驻地马鞍底街，海拔 1308 米，距县城 146 千米。辖 6 个村委会，人口 1.76 万人。世代居住着哈尼族、彝族、苗族、瑶族、汉族等民族，少数民族人口占总人口的 98.2%。因地处山区，地形复杂，山区面积占 99%，海拔高差悬殊大，气候类型复杂多样，干湿分明，属南亚热带和热带季风气候，森林覆盖率达 67.7%，具有丰富的森林资源、水能资源、矿产资源和旅游资源。

我们从龙脖河逆行了近 50 千米，几次停车欣赏两岸风光，在去马鞍底乡的半道上就上了古茶山。这里的茶山没有具体的名字，茶树品种也是笼统地称大叶种茶。茶山主要属于地西北村委会地界，若称地西北古茶山觉得没有特点，我认为把这里称为"马鞍底古茶山"和"马鞍底特大叶种茶"更恰当些，马鞍底因位于一个山凹里，形似一个反过来的马鞍底部而得名，又因马鞍底在当地有较高的旅游知名度，可让马鞍底古茶山为当地旅游业增添一张新名片。

测量马鞍底大茶树

根据《金平县马鞍底乡地西北村古茶山周边村庄规划》（2019—2035）马鞍底乡境南部的地西北村委会，辖地西北、荔枝树、石头寨、鸡窝寨、八底寨、三家寨、大坪上寨、大坪中寨、大坪下寨、老厂、五家寨11个村民小组，项目规划面积27.14平方千米，其中村庄规划建设用地面积604亩，古茶山1906.8亩。

马鞍底古茶山核心区为鸡窝寨、石头寨等。土壤以红壤、红棕壤为主，茶山呈立体分布，海拔高差近千米，这里雨量充沛，光热充足，土壤肥沃，非常适宜茶树的生长。而石头寨为古茶山茶树资源发祥地，很多大茶树长于巨石的浅土层上，或长于石缝中，属典型的岩茶。

“马鞍底特大叶种茶”因发现于马鞍底乡而得名。茶学界根据茶树叶片的叶面积划分为特大茶种、大叶种、中叶种、小叶种。叶面积 = 叶长 × 叶宽 ×0.7。即：叶面积 > 60平方厘米的称特大叶种茶树；叶面积40 ≥ 60平方厘米的称大叶种茶树；叶面积20 ≥ 40平方厘米的称中叶种茶树；叶面积 < 20平方厘米的称小叶种茶树。

而马鞍底茶叶面积多在100 ~ 150平方厘米，最大的达到260平方厘米，为目

马鞍底古茶树

前云南乃至世界上发现叶子最大的茶树叶种之一。马鞍底特大叶种茶为大乔木，人工栽培型，茶叶大而厚，显墨绿色，但芽口不太粗壮，茶青持嫩性好，方便加工，内含茶多酚偏低，茶气平和，清香淡雅较受女性喜爱。以制作白茶、绿茶、红茶、普洱茶等为原料。

马鞍底古茶山最大茶树估算树龄近600年，石头寨大茶树最大、最集中，品种也更杂。推理这里的种茶历史，最早迁移到这里居住的哈尼族、彝族等先民从外地引入茶种种植，因受当地地理环境的影响，使其中一个茶树品种发生变异，变成特大叶种，人们后来种植茶树就选用这个品种，渐渐地就形成马鞍底特大叶种。马鞍底古茶山的古茶树面积近2000亩，茶树径围超过200厘米的有200多株，径围超过100厘米的有数千株，这是大自然的神奇，也是当地人民的智慧结晶。

据当地老人介绍，在河对岸的越南也种植了许多茶，茶树比中国这里的小些，茶种也应该从这里引过去。中华人民共和国成立前，他们的爷爷用马帮驮茶到越南卖给法国人，再驮回洋货。

1885年《中法新约》签订后，清朝政府放弃对越南的宗主权，越南正式沦为法国殖民地。在丧权辱国的《中法新约》中，清政府承认法国对越南的保护权；法军退出台湾、澎湖；中越陆路交界开放贸易，中国边界内开辟两个通商口岸；降低中国云南、广西同越南边界的进出口税率；修筑铁路等。法国人在殖民越南的半个世纪里，开通红河航运，修筑中越铁路，从河口进入中国，在掠夺中国物资的同时也改善了中越交通条件。

马鞍底古茶山

在普洱市江城县有一条江叫李仙江，也是在越南沦为法国殖民地后，因越南航运、铁路、公路的交通相对比较发达，茶叶从江城土卡河渡口用小木船运至越南莱州（勐来），通过法国货轮运达海防港，然后再销往新加坡、马来西亚等国及香港、澳门等地区。从土卡河出口运输茶叶成为云南普洱茶出口最快捷，成本最低的路径，于 2013 年被包忠华命名为“水上国际茶叶之路”而被外界关注。从马鞍底到达河口，马帮需要 4～5 天，人行走只需要 2 天的时间，而从普洱等地到达河口马帮需要十来天，在马鞍底发展茶叶有极大的区位优势，也是在这段时间马鞍底古茶山的茶叶种植得到快速发展。马鞍底古茶山以独特的边界交通优势，特殊的自然环境，独特的茶树品种，成为云南茶界的一朵奇葩。

马鞍底古茶山

第二章 世界茶树原生地与中国茶文化重要发祥地

● 云南是世界茶树原产地，普洱是“世界茶源”

茶树原产地在中国还是在印度？这在国际上争论了一个多世纪。原因是在1824年，英国人勃鲁士在印度阿萨姆邦发现了野生茶树，从此在国际学术界就引发了“茶树发源地在印度还是在中国”的争论。直到1993年4月，“中国普洱茶国际学术研讨会暨中国古茶树遗产保护研讨会”在思茅地区（现普洱市）举办，来自亚洲、美洲9个国家和地区的181位专家学者亲临邦崴古茶树现场考察分析，达成共识：“澜沧邦崴古茶树通过分析其染色体组型，并与云南大叶种和印度阿萨姆种的核型对比，结果发现邦崴大茶树核型的对称性比云南大叶种和印度阿萨姆种对称性更高。证明邦崴大茶树是较云南大叶种和印度阿萨姆种更原始、起源更早的茶树，是野生型向栽培型过渡的过渡型结论，以核型分析结果看是完全正确的。”这一权威论断，使得这场争论有了结果。

茶树起源于何时？中国茶历史悠久，有5000多年历史，印度有200多年历史，印度不可能是世界茶树的原产地。

按国际标准植物分类：茶树属植物界，被子植物门，双子叶植物纲，山茶目，山茶科，山茶属。

木兰目是最早的被子植物，木兰是所有被子植物的祖先。1995年云南地矿局区域地质调查所何昌祥等专家，在云南的景谷、景东、澜沧、腾冲、梁河等地发现大量的第三纪地层木兰化石。植物学界公认，茶与木兰有亲缘关系，原始茶是由木兰直接演变化而来。

大叶种茶

1980年8月，陈椽著的《再论茶树原产地》认为，茶树原生按生物进化学说，先是一棵或数棵在原点形成开始，而后逐渐扩大；四川、贵州、黔西、滇东高原因地形破碎，气候不宜，不是茶树原产地。茶树沿着澜沧江、金沙江等领域分布，而滇西南的普洱、临沧、西双版纳等地才是茶树原产地。

普洱市拥有世界唯一的一条从“木兰化石（宽

叶、中华）—野生型—人类栽培驯化野生茶树活标本—过渡型—栽培型，茶类植物垂直演变完整的生物链”，所以普洱市于2013年被国际茶叶委员会授予“世界茶源”称号。

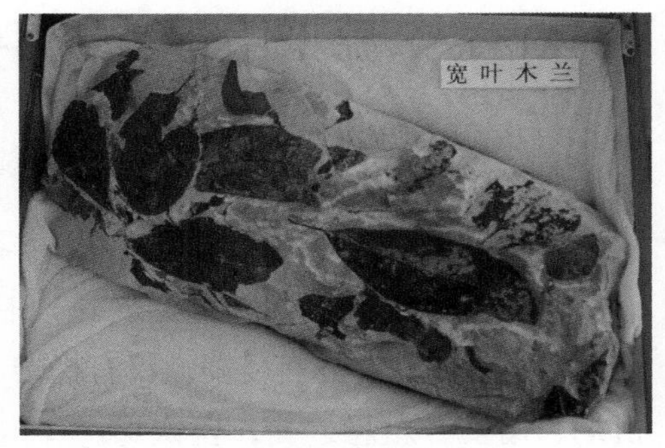

宽叶木兰化石

茶树第一始祖——木兰化石

1978年，中科院北京植物研究所和南京地质古生物研究所公布了在普洱市景谷县发现的以宽叶木兰化石“新种”为主体的植物群化石，在地质古生物学上被称为“第三纪景谷植物群分布区系”，是我国少见的渐新世植物群，也是唯一没有受到第三纪冰川波及的区系，仅见于景谷盆地，距今有3540万年；在景东县锦屏镇、景谷县煤厂、澜沧县勐滨等地发现的中华木兰化石，时代为第三纪中新世，距今有2500万年。

茶树第二始祖——世界野生茶树王

生长于普洱市镇沅县九甲乡的千家寨，树高25.6米，树幅宽22米 ×20米，基部径围2.82米，树龄约2700年，被誉为“世界野生茶树王”及普洱市有117万亩的野生茶树群落。

茶树第三始祖——人类栽培驯化野生茶树活标本

景东县太忠镇大柏村丫口社发现的“人类栽培驯化野生茶树活标本”，推断树龄1000年左右。

茶树第四始祖——世界过渡型茶树王

“过渡型茶树”是由以肖时英、何仕华等一批茶叶专家提出并得到国际公认，即茶树的花、果实等繁殖器官为野生型茶树特征，根、茎、叶等营养器官为栽培型茶树特征。澜沧邦崴过渡型古茶树是普洱市古代濮人早期栽培驯化成过渡型茶树存活至今的珍贵“文物”，1997年4月，国家邮电部发行的《茶》邮票一套四枚，澜沧邦崴古茶树上了邮票，澜沧邦崴过渡型古茶树推断树龄约1700年，被誉为“世界过渡型茶树王”。

茶树第五始祖——栽培型古茶园

普洱市拥有景迈山古茶林，面积2.8万亩，被誉为“世界面积最大的栽培型古茶园”，同时，普洱市拥有18.2万亩栽培型古茶园，而云南省有64万亩栽培型古茶园。

● 茶，源于中国，是中华之国饮

逴逴数千年，茶孕育于春秋，萌于秦汉，兴于唐，盛于宋，发展于明清，与中华五千年文明史同脉相承，古代有诸多著名文献对茶有记录与描述。

陆羽（728—804年）著《茶经》中记载：“六之饮：茶之为饮，发乎于神农氏，闻于鲁周公，齐有晏婴，汉有扬雄、司马相如，吴有韦曜，晋有刘琨、张载、祖纳、谢安、左思之徒，皆饮焉。”这里的人物：神农氏是传说中的上古三皇之一，教民稼穑，号神农，后世尊为炎帝，距今约5000年，后人作《神农本草》里提到茶；鲁周公，周文王之子，辅佐武王灭商，建西周王朝，推行“制礼作乐”，后世尊为周公，所做《尔雅》中讲到茶，距今有3000多年；晏婴为春秋战国时的大政治家，齐国名相，距今2500多年，所著《晏子春秋》讲到他饮茶之事等。

东晋常璩所著的《华阳国志·巴志》中记载：“周武王伐纣，实得巴蜀之师，丹漆、茶、蜜……皆纳贡之。其果实之珍者：……园有芳蒻、香茗。茶者，茶也。”武王伐纣距今已有3000多年。

上述记载证明远在5000多年前中国就发现了茶。早在3000多年前的西周时期巴国已利用茶叶，并且作为贡品进贡王室。《茶经》中还写道：“茶者，南方之嘉木也。一尺、二尺乃至数十尺，其巴山峡川，有两人合抱者……”这说明，1300年前的中国西南巴山峡川地区曾经分布有广泛的乔木茶树。

孟连县生态茶园

● 云南最早记录茶的信息及“茶出银生城界诸山”的特指范围

中国西南地区发现和利用茶叶的历史悠久，但关于云南生产茶叶的历史记载信息却很少。东晋史学家常璩（约 291—361 年）著《华阳国志·南中志》载：“平夷县……山出茶密……”（商周时称今天云南富源县为平夷）这是云南最早记载有茶的资料。

洗马河风光

洗马河风光

唐懿宗咸通三年（862 年），南诏王世隆派遣部队攻打安南（今越南河内），经略使王宽不能抵御，朝廷另派湖南观察使蔡袭取代王宽为经略使，将兵屯守。樊绰随行为蔡袭的幕僚，为了对付南诏，他受蔡袭之命，对南诏情况进行调查了解，搜集资料并参考前人著作，于公元 863 年写成《蛮书》，又名《南夷志》《南蛮志》等。此书共十卷，对南诏统治区的政治、经济、民族、山川、交通城镇及境外诸国做了详细记述，为现仅存唐代著述中有关云南地区之专著，具有极重要的史料价值。

樊绰《蛮书·管内物产·第七卷》载：“茶出银生城界诸山。散收无采造法。蒙舍蛮以椒、姜、桂和烹而饮之。”古银生城即今普洱市景东县城，唐代南诏国在景东设银生节度使，管辖范围相当于今普洱市、西双版纳州全境和临沧市、大理州部分地区，以及缅甸景栋、老挝北部、越南莱州等地区。“蒙舍蛮”系唐代洱海附近居民六诏之一的南诏，其民族属于当时称“乌蛮”的一部分，无量山系和哀牢山系为唐代南诏彝族政权辖区，隶属蒙舍诏。

“茶出银生城界诸山”，由于樊绰太惜墨，寥寥数字给后人留下无限想象的空间。其实樊绰当年写《蛮书》时是以一个军事间谍的身份来完成的，他从越南河内一路跋山涉水潜入南诏搜集资料。由于受时间、环境、空间的限制，“茶出银生城界诸山”的所指范围不可能是银生节度的管辖范围，而是银生节度府驻地景东县城周边的无量山、哀牢山等群山，也就是说不包括西双版纳的古六大茶山等茶区。比樊绰晚700多年的徐霞客，游历了云南的一些茶山后的游记范围也有限，只能走到哪写到哪。用今天有飞机、卫星、网络时代的视角去理解1200多年前用脚步丈量地球的时代，是不可想象的。

洗马河风光

● 从“银生茶”到“普茶”再到“普洱茶”的历史演变

宽宏村茶马古道雕塑

几千年来中国的茶叶名称大多上根据产地命名，云南最早记载茶名的是《蛮书》。唐代贞元十年（794年）唐王朝与南诏和盟后，在南诏设银生节度，在银生节度辖区内生产的茶叶官方命名为“银生茶”。元朝建置《元史·本纪》载：“至元三十一年，云南行省所定路、府、州、县，普日部（宁洱）、思摩部（思茅）、步腾部（普文）、步竭部（宁洱境内）等属元江府辖。”明朝建置《明史·地理志》载：“云南承宣布政使司，领府五十八、州七十五、县五十五、蛮部六。镇沅府辖禄谷长官司（恩乐）、者乐长官司（新抚）；元江府辖他郎寨长官司（墨江）、普日长官司（宁洱）、思摩甸长官司（思茅）、钮兀长官司（江城）。”明万历年间，谢肇淛《滇略》（1620年）卷三中云：“士庶所用，皆普茶也。”这是“普茶”第一次作为专有名词在史书中出现。

清朝雍正七年（1729年）设置普洱府，为流官制；同年，将普洱通判移驻思茅，又在思茅兼设攸乐同知。清·赵学敏（1765年）撰《本草纲目拾遗》云：“普洱茶出云南普洱府……”对普洱茶的产地区域已作了准确的判定，也是“普茶”到“普洱茶”的官方定义。

从“银生茶”到“普茶”再到“普洱茶”演变，“银生茶”的使用应该是从794—1294年近500年的期间，“普茶”的使用应该是从1295—1728年近430年，“普洱茶”从1729年至今使用了290多年，普洱茶因普洱府而得名，普洱府因普洱茶而名扬天下。当然也不是地名变化了茶名称就会马上改变，这是渐渐演变的过程。

云南各民族的茶俗

“茶出银生城界诸山，散收无采造法，蒙舍蛮以椒姜桂和烹以饮之。”今天“大理三道茶”和“银生三道茶”还能诠释这种古老的饮茶方式，云南是个多民族地区，不同民族在生产、生活中形成不同的饮茶文化和习俗。

白族三道茶

“大理白族三道茶”寓意人生“一苦，二甜，三回味”的哲理，现已成为白族民间婚庆、节日、待客的茶礼。第一道为“苦茶”，即为烤茶；第二道为“甜茶”，烤茶、煮茶时放入少许红糖（蜂蜜）、乳扇、桂皮等，这样沏成的茶，香甜可口；第三道茶是“回味茶”，其煮茶方法相同，只是茶盅放的原料换成适量红糖（蜂蜜）、炒米花、花椒粒、核桃仁等。

彝族白抖茶

银生三道茶

一道为彝族百抖茶，即为烤茶，将茶置于陶罐中，在文火中反复抖烤数百次，将茶叶烤透，注入沸水，在文火中煮片刻即可饮用；二道为糊米茶，就是把大米炒糊、加红糖或蜂蜜与炒过的茶一起煮而饮用，此法还可用于治疗腹泻等；三道为椒姜茶，在烤茶、煮茶时加姜片、花椒、桂皮等，喝了能发汗，多用于治疗感冒，这些简单的方法千百年来在缺医少药的地方被广泛使用。

傣族烤茶

竹筒茶

是傣族、拉祜族人民世代相袭的一道待客的传统茶饮。傣族、拉祜族是与竹子相伴的民族，将茶放入新鲜的竹筒中，将其口封紧，放在火塘上烘烤备热，烤至发出茶叶清香，取下加入适量的蜂蜜，然后将沸腾的山泉水倒入竹筒中，再烤煮片刻，即可饮用。

佤族“石板烤茶”

佤族人世代沿袭的一道待客茶饮，取一块本地较薄的石板置于火塘之上，放入适量茶梗，加入“三七”花叶，用手不停地翻炒，直至茶梗发黄，“三七”花叶缩筋成卷，发出茶叶的香味，取之入罐，加入沸水，稍煮片刻，即可饮用。是一道提神补气，解疲开胃，健体美容的佤家礼仪茶饮。

其他

云南各少数民族茶俗还有哈尼族的公主茶、僾尼人的土锅茶，基诺族的凉拌茶，布朗族的青竹茶和酸茶，佤族的烧茶和擂茶，纳西族的“龙虎斗”和冲盐巴茶，傈僳族的油盐茶和响擂茶，回族的罐罐茶等，每一种饮茶习俗都深深融入了不同民族的文化。

茶农晒茶

● 云南各地崇拜的茶祖

最先，人类利用茶为药用和食用。“茶之为饮，发乎神农氏”，作为中华民族始祖之一的神农氏，教民稼穑，最早教授百姓从事农业生产，所以神农是中国公认的“茶的第一始祖”，很多地方都有神农塑像。

云贵高原在几十万年前就有人类祖先活动的痕迹。在云南境内澜沧江领域发现大量旧石器时代晚期至新石器时代的遗址和器物证据。新石器时代是人类开始从事简单的农业和牧业，这些人是后来生活在澜沧江领域的古濮人。古濮人为傣族、布朗族、德昂族、佤族、彝族等土著民族的祖先，也是最早利用茶叶的人。当地濮人最早发现和利用茶树是作药用和当野菜食用，并逐渐形成人工栽培驯化野生茶树的漫长历史，因此古代濮人是云南无量山和哀牢山地区的茶祖，因古代濮人没有具体的人及塑像，人们以特定的一棵树或物，来祭天地、祭祖先，是古人崇拜自然、敬畏自然的体现。

神农氏像

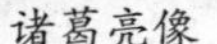

诸葛亮像

帕岩冷像

中华茶祖的顺序为神农、古代濮人、诸葛亮、帕岩冷、陆羽等，不同地区、不同民族崇拜、祭祀的茶祖不同。普洱市思茅、宁洱和西双版纳等多地的茶祖为诸葛亮，景迈山布朗族、傣族等民族的茶祖为帕岩冷，临沧市多地的茶祖为神农，江南地区多以陆羽为茶祖等。

第三章 普洱茶的历史演化

● 无量山、哀牢山是人类最早栽培野生茶树的地区

茶，山茶科，灌木或小乔木。它主要分布在我国的西南部、南部及中南半岛北部。包含了大叶与中、小叶品种。

野生型茶树种质资源俗称野茶、山茶、大树茶等，多属大理茶和厚轴茶等。多产在西南地区澜沧江流域的原始森林和山洼箐边，呈无序状态，亦有早先居民移植野生茶树种植在房前屋后或田头地埂。

陆羽《茶经》载："茶者，南方之嘉木也，一尺二尺，乃至数十尺。其巴山峡川有两人合抱者，伐而掇之。"说明历史上中国西南地区的澜沧江、金沙江流域都生长有不同品种的野生茶树。

野生型茶树中的阿萨姆种，本来只适应在比较湿热的地区生长，通过基因变异，有个别茶树能适应温凉的气候，于是这些变异的茶树就能迁徙到巴蜀大地大量繁殖，为了适应当地的环境逐渐演变成了中小叶种。而巴蜀的先民们对这些野生茶树进行人工驯化，培育出了先进的良种，逐渐形成茶文化的概念。在巴蜀先进的茶文化的不断渗透、影响下，澜沧江流域的先民们也把那些当药和野菜使用的野生茶树、过渡型茶树进行规模化种植，并改进茶叶加工工艺，从"采无造法"到采而造法，改进品饮方法。如在临沧市凤庆县香竹箐的"锦绣山河"大茶树和普洱市景东县太忠镇大柏村丫口社的大茶树，都属野生型古茶树，是早先人们从深山中把野生茶苗人工移植而成，在茶树进化过程中有非常重要的作用，2013 年包忠华把这类茶命名为"人类栽培驯化野生茶树的活标本"。

千家寨野生型茶树王

国际茶叶委员会授予普洱“世界茶源”

云南省知名茶文化学者詹英佩老师，曾著《中国普洱茶古六大茶山》《茶祖居住的地方—云南双江》《茶出银生城界诸山—无量山》等书，她认为：“云南谈茶历史文化，茶树起源、演变，离开景东无量山、哀牢山和银生茶文化就成无源之水、无根之木。”

云南是世界茶树的原产地，普洱是“世界茶源”，而无量山、哀牢山是“世界茶源”的核心区。其茶种在向中原地区的传播过程中，逐渐演变为中小叶种，在向云南其他地方的传播过程中，茶树品种不断得以提纯。

人们不断追求产量高、茶味好的品种进行推广。推广路径是以景东为中心（镇沅县过去大部归属景东），逐渐传入四周的景谷县、宁洱县、墨江县和相邻的大理州南涧县及一江之隔的凤庆县、云县等地，这些地区茶树品种纯度比景东高，也出现大量“地埂茶”的种植模式，茶树品种有野生型、人工栽培野生型、过渡型茶树和中小叶种茶，只是比例比景东小。如在宁洱县困鹿山皇家茶园的300多株大茶树中，为大叶和中小叶种混植。从宁洱再向外的区域，种植的茶树小叶种茶就更少了；从宁洱传到西双版纳、澜沧等地之后茶树品种又提升了大一步，如西双版纳六大古茶山、澜沧县景迈山、邦崴古茶山等品种很近似；西双版纳的良种与先进的种茶、制茶技术也开始向北传播，到明代成化年间（1465—1487年）西双版纳地区的茶种传入到临沧地区的双江县勐库镇，培育成为著名的勐库大叶种，再逐传到云县、凤庆等，最后回传到祖地景东。

我只能从目前茶树品种情况和地域进行简述，实际茶种的推广是通过人类活动传播的。我到景东的很多老茶区采访，当地人总会说："这些连片种植的有一二百年树龄的茶树，据说是从勐库买来的茶种，大的就不知道了。"勐库大叶种茶自清代至今一直是云南茶的主推良种，是云南茶树品种的代表。

困鹿山古茶园

● 茶树种质资源的演变及茶文化传播的路径

目前，世界上所发现的茶组植物分类定名的种有 47 个，其中，种 44 个，变种 3 个。

根据《走进茶树王国》普查资料分析，普洱市茶树基部径围超过 300 厘米的分别是：野生型古茶树发现 9 株，最粗大的是景东县锦屏镇凹路箐大茶树，树高 14 米，最大丛围 7.8 米（3 个分枝的干围）；第二粗大的为宁洱县罗东山古茶树，生长地的海拔为 2370 米，树的最大基部径围 3.40 米，树高 14.8 米，最低分枝高度 0.4 米"，推测树龄在 1800 年左右；过渡型古茶树 2 株，邦崴过渡型茶树树高 11.8 米、基部径围 358 厘米，景东县花山镇文岔村过渡型大茶树树高 11.5 米、基部径围 330 厘米。

在普查中栽培型古茶树基部径围 300 厘米以上的普洱市发现较少，这可能以采摘度大有关。较大的有景东漫湾镇中山村大茶树，树高 11.7 米，基部径围 273 厘米；澜沧县安康乡糯波大箐大茶树，树高 7.8 米，基部径围 247 厘米；孟连县勐马镇东乃村的红芽茶，树高 21 米，基部径围 240 厘米等。

哀牢山大茶树

从普查情况分析：普洱市茶树种质资源分布规律，全市范围内都分布有野生型茶树群落，但以无量山、哀牢山更集中，且茶树相对较大。过渡型茶树种植也是以无量山、哀牢山地区相对较多、树大、栽培历史更久。在无量山、哀牢山地区茶树品种比较杂乱，人工种植野生茶和过渡型茶叶品种多，这些杂交品种通称为景东茶种，这类原始品种大茶树多，小茶树少；越往南走的宁洱、澜沧、西双版纳等方向茶树品种越纯。

根据茶界独立评论人李国标采访云南大学高照教授，写了《复兴景东茶，等待千年的轮回？》一文，他以高照教授的观点为基础，认为“云南是世界茶树的原产地，但不是茶文化的原产地。云南的原住民利用茶树虽然非常早，但都是当食物与药物在简单利用，非常原始落后，谈不上有多少茶文化。中国茶文化的真正兴起应该是在巴蜀大地。因为在古代，巴蜀一直是整个西南地区文明程度最高的、农耕文化最先进的地区。巴蜀人对茶叶进行大规模栽培，改良茶树品种，不断改进种植、加工与饮用方式，然后再将这种茶文化传播到其他地方去。为什么在云南各个产茶的地方，甚至包括缅甸与老挝的部分产茶区都流传着“孔明兴茶”的传说，这是因为三国时期，通过诸葛亮七擒孟获，大力治理南中，对云南而言，这是跟中原先进的农耕文明的一次剧烈碰撞与交汇，巴蜀大地的茶种与种茶、制茶技术也首次传到了这个化外之邦，许多云南少数民族的先民感谢诸葛亮开发南中，带来了巴蜀先进的茶文化的贡献，因此把诸葛亮尊为“茶祖”，当成茶神来祭祀。

茶山箐古茶林

● 茶树良种的优势与分类指导

云南特殊的地理、气候、日照、降水及生物多样性等自然条件，成为世界茶树资源的基因库。目前云茶产区的茶树品种众多，有国家级良种、省级良种、地方级良种上百个。全国各地的良种引到云南茶区都能较好地适应生长，而云南的很多大乔木茶良种引到长江以北地区很少能适应环境的。

如在大理州南涧县无量山樱花谷和普洱市景东县哀牢山杜鹃湖种植的乌龙茶，20世纪90年代几位台湾茶人从台湾和福建引入软枝乌龙茶等品种，在无量山、哀牢山海拔2000~2600米的高海拔地区种植而获得成功。台湾的乌龙茶定价是参考种植海拔来定，海拔越高价格也就越高。受此影响才会有台湾同胞到云南的高山密林中开园种植。在云南高海拔山区种植的高山乌龙茶，虽然产量相对低，但品质很好，产品运到台湾、福建等乌龙茶传统产区颇受欢迎。同样的品种，种在云南因光照、降水、气候、土壤等条件不同，茶叶中的茶多酚等内含物质更高，茶叶更耐泡。

黄龙山茶园

茶山箐古茶

目前，全国茶树品种国家级茶树良种有123个，其中云南大叶种乔木茶仅有勐海大叶种、勐库大叶种、凤庆大叶种、云抗10号、云抗14号、云南大叶种共6个品种入选。云南茶树品种多，但入选国家级茶树良种在主要产茶大省中最少，这主要是各州（市）的大叶种优质品种囊括在云南大叶种之中。

砍盆箐古茶园

勐海大叶种原产于勐海县南糯山，特征：芽叶肥壮，黄绿色，茸毛多，产量高，春茶一芽二叶的干茶样含茶多酚32.8%，氨基酸2.3 %，儿茶素总量18.2 %，咖啡因4.1%，为做普洱茶、绿茶、红茶的最佳原料。

勐库大叶种原产于双江县勐库镇，特征：芽叶肥壮，黄绿色，茸毛多，产量高，春茶一芽二叶的干茶样含茶多酚33.8%，氨基酸1.7 %，儿茶素总量18.2 %，咖啡因4.1%，为做普洱茶、绿茶、红茶的最佳原料。

凤庆大叶种原产于凤庆县，特征：芽叶较肥壮，绿色，茸毛特多，产量高，春茶一芽二叶的干茶样含茶多酚30.2%，氨基酸2.9 %，儿茶素总量13.4 %，咖啡因3.2%，为做红茶、绿茶的最佳原料，以做滇红茶为主。

云抗10号是由云南省茶科所采用单株育种法所育成的无性系，特征：叶肉较厚，叶质较软，芽叶黄绿色，茸毛特多，产量高，春茶一芽二叶的干茶样含茶多酚37.8%，氨基酸2.5 %，儿茶素总量19.4 %，咖啡因5.8%，宜做绿茶、红茶。

云抗 14 号是由云南省茶科所采用单株育种法所育成的无性系，特征：叶肉较厚，叶质较软，芽叶肥壮，黄绿色，茸毛特多，产量高，春茶一芽二叶的干茶样含茶多酚 36.1%，氨基酸 4.1 %，儿茶素总量 14.6 %，咖啡因 4.5%，宜做绿茶、红茶。

云抗 10 号、云抗 14 号、云抗 1 号、云茶香 1 号等无性系良种在 20 世纪 90 年代开始推广，在云南省普洱市种植面积最大，但近几年来一些无性系良种开始被淘汰。

云茶产区有些地方在品种推广方面缺乏战略性布局，同一块地在 20 年时间里换了多次品种，造成较大的浪费。很多茶农选择品种时只考虑产量高、方便采摘、卖相好，缺乏对茶树品质的综合评估和对产品结构变化的中长期判断。如近年来茶农追捧的“普景一号”“大黄芽”等高产品种的大规模嫁接改造。有些品种的特点是产量高、好采摘、外相好看；弱点是芽口太大，不易加工，炒青炒不过心，茶气单薄。当这类品种产量一多，价格就必然下跌，形成不到十年时间就要再换品种。

将来，在以发展普洱茶为主的茶山，新植或嫁接改造的应该以选择用冰岛长叶种、班章大叶种、勐海大叶种、勐库大叶种、邦东大叶种、景谷大白茶、景迈大叶种、凤凰窝大叶种等良种为主。这也是市场选择的结果，但单纯的市场自发行为容易形成盲目性，一般茶农难以准确判断未来趋势，这就需要主管部门、行业专业人士发挥作用，做好指导和引导工作。

云茶产业定位主要以生产普洱茶、绿茶、红茶、白茶为主，应该对不同茶山进行结构性规划指导。如适于做普洱茶的地方建议引导推广发展勐海大叶种、勐库大叶种、冰岛长叶种、班章大叶种、邦东大叶种、景迈山大叶茶种、凤凰窝大叶茶种等为主；适于做白茶的地方引导推广景谷大白茶、雪芽 100、长叶白毫等品种为主；做绿茶、红茶的品种要求不高。

目前，全国茶叶处于供大于求的局面，不提倡新增茶叶种植面积，云南茶产业要以“稳定面积，提升品质，提高效益”为指导，如在对老茶园提质改造过程中，良种嫁接怎样选品种？台地茶改稀疏乔木留养（即仿古茶树留养）怎么留？各地主管部门和行业协会需做好指导工作。

● 普洱茶的“世界之最”和“中国之最”

一般从茶树的粗细是难以客观估算树龄的。茶树长的大小不仅受到土壤、水肥、海拔、气候等自然因素的影响，长期的“被采摘程度”才是影响茶树长的大小的主要原因。云南是世界茶树的原产地，各地都发现有很多大茶树，也就热衷相互“争王”。比如普洱市说千家寨有2700年“世界茶树王”，临沧市宣传香竹箐有3200年“世界茶树王”，等等。为了让外界更好理解，避免混淆，在编写《云茶大典》时，我向编委们提议，按茶树类型的代表性植株进行“封王”，获得赞同，并负责“普洱茶之最”的撰写。

世界野生茶树王

世界野生型茶树王

生长于普洱市镇沅县九甲乡的千家寨，海拔2450米。树高25.6米，树幅宽22米×20米，基部径围2.82米，树龄约2700年。

世界上最粗大的茶树王

生长于临沧市凤庆县小湾镇的香竹箐，海拔2170米。最大基部径围5.82米，树高10.6米，树幅宽7米×8米，是目前发现世界上最粗壮的茶树王，属人为种植的野生型古茶树，也是“人类栽培驯化野生茶树活标”之一。

香竹箐的超级大茶树从树冠、树干的生长，结合当地民族习俗等综合要素看，这棵茶树曾经是神树，当地少数民族埋祖坟通常会选一棵树作“后土”，烧过香的树是没人敢去采摘茶叶的，所以才成就“世界最粗大的茶树王。”

人类栽培驯化野生茶树活标本

人类栽培驯化野生茶树活标本

生长于普洱市景东县太忠镇大柏村丫口寨，树高8.9米，树幅7米×6.6米，最大基部径围2.85米，属野生型古茶树。树生长在山梁上，土壤贫瘠，海拔1940米。是当地先民从野生茶移植栽培而成的大茶树，为目前在普洱市发现最大的人工种植野生型古茶树，树龄千年左右。

世界过渡型茶树王

邦崴过渡型大茶树，生长于普洱市澜沧县富东乡邦崴村新寨，海拔1900米。树高11.8米，树幅宽9.0米×8.2米，最大基部干围3.58米。被誉为“茶树进化的活化石”，目前为国际普遍认可。

世界过渡型茶树王

世界面积最大的古茶园

景迈山古茶林，土地面积2.8万亩，种茶历史1700年，景迈山古茶林成为目前世界上唯一以茶、茶文化为主题申报列入《中国世界文化遗产预备名单》的茶山。同时以景迈山为代表的古茶园，于2008年，“云南普洱古茶园与茶文化系统”被联合国粮农组织列入全球重要农业文化遗产保护试点。

世界最大连片茶园

大渡岗茶园以65246亩的面积，被世界纪录认证机构（WRCA）认定为“世界最大连片茶园”。（西双版纳州2019年8月发布）

世界上最粗大的茶树

中国普洱茶第一县

勐海县2018年，茶园面积有57.75万亩，有4.6万亩古茶园，有老班章、贺开、南糯山等国内知名古茶山；茶叶采摘面积43万亩，毛茶总产量2.4万吨，总合产值达110亿元，名列全国茶叶10强县前列。全县在工商局注册的茶叶生产、销售企业2122户，其中精制厂235户，知名茶企业数占云南省近五成。有中国普洱茶第一品牌“大益”，普洱熟茶的标准味“勐海味”，是云南普洱茶加工、生产、销售的集散中心。（西双版纳州2019年发布）

● 云南纵横交错的茶马古道

茶马古道牌坊

清·阮福《普洱茶记》（1825年）中有“普洱古属银生府，则西藩之用普茶，已自唐时”的叙述。西番指今天西藏、青海、四川西部等地区，说明普洱的茶叶早在唐代就远销西藏。当代茶圣吴觉农先生考证过，在《茶经评述》中说道：“银生城古址在今云南景东县，唐时南诏国的重镇，是与波斯、婆罗门等国进行贸易的地方（波斯即伊朗，婆罗门指古印度）。”

自文成公主唐贞观十五年（641年）入藏之后，茶叶便成了藏族人必不可少的饮品，并形成了独特的饮用酥油茶的习惯。藏族“宁可三日无粮，不可一日无茶；一日无茶则滞，三日无茶则病”。然而，藏族需要大量的茶叶，他们生活的地区却不产茶，只能依靠山水相连的云南和四川。唐王朝为更好地控制吐蕃（西藏），要求四川和云南限量销售茶叶给吐蕃，但南诏国毕竟是自主政权，不同于四川，并曾与唐朝反目而与吐蕃结盟，故云南大量的茶叶通过人背马驮经大理、丽江、德钦进入西藏，云南的普洱茶就成了藏族日常生活中茶叶的主要来源。随着时间的推移，逐步形成了以普洱地区为中心的大规模的茶叶加工和贸易，普洱成为茶马古道源头。据《普洱府志》记载，明清时期，以普洱府（今宁洱县）为源头的茶马古道共有五条。

东北路——进京官马大道

亦称“前路官马大道”，从普洱府驻地宁洱北上，经石桥寨—菜庵塘—磨黑—孔雀屏—魁阁塘—把边江渡口—通关—墨江—元江—清龙场—杨武—峨山—玉溪—呈贡，到达昆明后，经曲靖入石门关道（又称“五尺道”）进入四川成都，再经陕西、山西、河北到达北京。

西北路——普洱西藏茶马大道

又称“滇藏茶马古道”或“滇西后路茶马商道”。是世界上海拔最高、生命力最长、路途最为艰险、最富神秘感的古道。从宁洱出发，经恩乐—景东—南涧—下关—丽江—中甸—德钦—拉萨，出境入锡金、印度、尼泊尔、斯里兰卡等国。

西南路——宁洱澜沧茶马大道

又称“旱季茶马大道”，从宁洱—思茅—整碗—六顺—糯扎渡，过澜沧江，到澜沧，达缅甸，再连接印度洋。

南路——宁洱易武茶马大道

从宁洱—思茅—倚象镇大寨—翻越太阳河—勐旺—易武等六大茶山，到老挝的琅勃拉邦—万象，也称石镶路。

东南路——宁洱江城茶马大道

是一条将普洱茶销往国外的重要运输商道。从宁洱—思茅—石膏箐—曼克老—整董—营盘山—阿树寨—江城—坝溜或土卡河渡口（沿李仙江而下）—越南勐来（莱州）—海防港口，全程需要一个月左右的时间，再经海防转运香港、澳门、南洋各地。特别在 1885—1942 年期间，因越南成为法国殖民地，法国人的货轮与火车已成越南的重要交通工具，这条古道也就成了茶马古道连接海上丝绸之路的交通枢纽。这是普洱茶销往国外距离最短，最快捷的一条通道，成为一条“水上国际茶叶之路”。1942 年，日本占领越南、老挝等国，实行经济管治与封锁，这条古道就此萧条。

那柯里吊桥

● 南诏国的国道——刊木古道

古代中国有“陆上丝绸之路”“海上丝绸之路”“茶马古道”等交通概念。在中国西南地区，由于特殊的地理条件，以马帮为主要的交通工具，从而形成纵横交错的茶马古道。有一条曾经发挥过特殊作用的茶马古道被掩埋在历史的长河中，它的名字叫“刊木通道”，1000多年后来挖掘历史文化，包忠华就称它为“刊木古道”。

唐大历元年（766年），南诏（时任国王阁罗凤）清平官郑回撰写《南诏德化碑》记载：“南通北海，西近大秦。开辟以来，声教所不及，羲皇之后，兵甲所不加。诏欲革之以衣冠，化之以礼义。（阁罗凤）十一年冬，亲与寮佐兼总师徒，刊木通道，造舟为梁。耀以威武，喻以文辞。款降者抚慰安居，低捍者系颈盈贯。矜愚解缚，择胜置城。裸形不讨自来，祁鲜望风而至。……南荒济凑，覆诏愿为外臣，东爨悉归，步头已成内境。建都镇塞，银生于墨觜之乡，候隙省方，驾憩于洞庭之野。盖由人杰地灵，物华气秀者也……”

茶马古道

刊木通道又称刊木古道，属南诏国的国道，顺着刊木古道翻越无量山可达银生古城，并连接银生节度的广大地区，是一条被历史遗忘的古道。

《南诏德化碑》的这两段记录是非常有意义的。第一段讲在南诏国阁罗凤任国王的十一年冬，任命亲信为寮佐官，同时兼总师徒，开挖建设刊木通道“造舟为梁”，南诏国属内陆地区，虽然有洱海，但不需大量造船，只有澜沧江上才需要大量造船摆渡。第二段讲“建都镇塞，银生于墨觜之乡”，觜同“嘴”，指动物坚硬的角和嘴，墨嶲指身上佩戴黑色动物头、角、皮的族群，因无量山、哀牢山地区动物多，当地人以狩猎为主，夷人彪悍野蛮，喜欢黑色，“墨嶲”可理解为对古代多个少数民族的总称，是古代濮人的形象称谓，“银生于墨嶲之乡”可理解为银生城建于少数民族众多的地方。如“金齿”“金齿百夷”一般指傣族的先民，是中国古代的族名，因傣族人喜欢嚼槟榔等把牙齿染成金黄色而得名，后来“金齿”也演变为地名。《南诏德化碑》撰写于766年，而《蛮书》写成于公元863年，比《蛮书》早97年。

唐代，独立强盛的南诏国有六个节度，其中最大的银生节度府辖地位于澜沧江两岸，银生节度管辖今天西双版纳州、红河州部分地区，普洱市、临沧市，以及越南、老挝、缅甸等国的部分地区。刊木古道在南诏国、大理国时对外政治、军事、文化、经济等方面发挥着重大意义。

南诏国修建刊木古道以大理为起点：大理—巍山—永建—南涧县庙山—乐秋街—碧溪—公郎—沙乐—官地—景东县安召—安乐—保甸，达景东、景谷、宁洱、易武、景洪等地的这条南诏国道。

大理到古银生城最近的古道是从安召起，经滴水箐—翻越无量山—三七厂（史称迤仓驿）—迤仓—中仓—三岔河—文龙，到景东。

思茅永庆石镶古道

那柯里古道绘画图

从保甸分两路：北路从保甸—王家箐（越无量山）—绕马路—文龙，达景东（银生城）；南路从保甸—林街乡（磨刀河翻越无量山）—景福镇（凤冠山翻越无量山）—虎山村（芹菜塘翻越无量山）—大驮街—镇沅县的山街村—振太—景谷，达宁洱县（古普洱府）等。

刊木古道沿澜沧江东岸、无量山西坡开拓出的一条400千米多长的古道。在南诏国、大理国时代是一条非常重要的国道。

保甸在古代是一个非常特殊的地方，是刊木古道上的枢纽。保甸的名字就取于形状似放小孩摇篮的坝子，是南诏国的“皇田”，澜沧江东岸、无量山西坡的广大地区归属保甸管辖。从大理到保甸，过去人行走需要4天时间，马帮需约8天时间，自古无量山上种植的茶叶运到大理，再销往西藏，无量山的金鼎山、凤冠山、五棵桩、打笋山等古茶园也自然成为南诏国大理国的“皇家茶园”。

刊木古道有一个很特殊的特点是“路标”，在沿古道每个山梁的丫口上都种有一棵高大的榕树或菩提树，既是路标，又是马帮行人们歇憩的地方。

刊木古道的驿站名字深受中原文化的影响，都有特定的内函，也许是开创古道的总师徒是大唐人，故而不用少数民族语音的译释。

古道泛指某一领域形成的官道和民间小道，就像一条大江及其支流。刊木古道沿无量山西坡为主干道，多途径高山密林、江河沟壑的山区，古人只能“见山开路，遇水架桥”。因此被取名“刊木通道”，即“刊木古道”，是一条覆盖澜沧江东西两岸，无量山以西广大地区的古道总称。

● 澜沧江上的主要渡口和古桥

云南有六大水系：长江水系（注入东海）、珠江水系（注入南海）、元江水系（注入南海北部湾）、澜沧江水系（注入南海）、怒江水系（注入印度洋）和伊洛瓦底江水系（注入印度洋）。

澜沧江在中国境内叫澜沧江，流出国境后称湄公河。澜沧江中上游流经高山峡谷，河水湍急，给江两岸交通、经济文化、军事等带来极大不便。渡口成了官方控制经济、军事的主要关口，因此在澜沧江上就形成了很多古渡口和古铁索桥。

云南最早的铁索桥

霁虹桥又称"兰津桥" "兰津古渡"。位于澜沧江两岸博南山与罗岷山的悬崖绝壁上，是走大理—永昌古道的必经之路。

南诏时在这里建成竹索吊桥，称"兰津渡"，明成化年间（1465—1487 年）改建铁索吊桥，取名"霁虹桥。"明崇祯十二年三月二十八日，徐霞客过霁虹桥写下："临流设关，巩石为门，内倚东崖，建武侯祠及税局；桥之西，巩关亦如之，内倚西崖，建楼台并记创桥者。"此桥为"迤西咽喉，千百载不能改也"（《徐霞客游记 · 滇游日记八》）。今天的铁索桥为清康熙二十年（1681 年）建造，康熙为此桥亲题"虹飞彼岸"，故在东岸增辟"御书楼"。后因铁索常蚀，兵祸常生，屡修屡坏。

澜沧江风光

澜沧江昔宜渡口

霁虹桥在滇缅公路修通之前一直是滇西交通的要冲，民国年间仍基本维持原状。南北有关楼，两端建有栅门，立税卡；西岸桥头有碉堡，临江扼险，有"一夫当关，万夫莫开"之势。霁虹桥长 115 米，宽 3.8 米，由 18 根粗大的铁链组成。

霁虹桥位于云南省永平县岩洞乡和保山市平坡乡的澜沧江上。南方丝绸之路穿过云南，把中国与南亚、东南亚，乃至世界连接起来。霁虹桥的地位自古就有不可替代的作用，素有“西南第一桥”的美誉，是我国最早的铁索桥之一。

澜沧江上第一渡——神舟渡

沿着刊木古道并行的澜沧江上，云县、景东与临翔区以江而隔，因水流渐缓，古渡口增多。在景东，有史料记载的有：羊街渡、漫行渡、忙怀都、戛旧渡、王家渡、温练渡、温营渡、新街渡、龙街渡、蛮别渡、水阁渡、大课乐渡、小课乐渡、沙坝渡、戛里渡(昔归渡)等。经过官方认可的大渡口，汉时就在此置军司，立税卡，设驿站了。

神舟渡位于大理州南涧县与云县茂兰镇哨街村朝阳寺附近。渡口所在地江面宽约170米，是澜沧江中上游江面较宽，水流较平缓的优良渡口，地处凤庆、云县、景东、南涧、魏山等县的交通要冲，被称为“澜沧江上第一渡口”。

据有关地方文献记载：“侧转而东为神舟渡，两岩皆崇山峻岭，水势湍急，声吼若雷，莫测其深浅。”渡口只有不到1千米长的平缓水面，紧接下游即数十丈高的激流。据传说老鹰飞临激流上去，往往被激流气浪吸下江底。船工稍不注意，渡船即下滑深渊而葬身江中。

古代和近代，“走夷方”和过往临沧、大理的客商均在此渡江，是古驿道上的重要渡口。《新纂云南通志》记载：“神舟渡在云县北五十里，凡来往顺（宁）、缅（宁）、云（县）和蒙（巍山、南涧）者，咸问津焉。”

澜沧江上的第一座公路桥——景云桥

在古银生府范围内的澜沧江上有数十个渡口，以羊街渡和昔归渡最出名。羊街渡位于景东县漫湾镇的五里村，因羊街河注入澜沧江而得名，江对岸是临沧市云县的知名茶山白莺山，20世纪40年代民国政府开始修建公路、架设江桥，于1949年4月，在羊街渡口上方架起铁索桥——景云桥，景云桥因连接景东和云县而得名，可通行汽车，是澜沧江上的第一座公路桥，中华人民共和国成立后修建214国道时又在这修了水泥大桥。1986年在景云桥下游10千米左右的地方开始建设漫湾电站，国道214线改道翻越无量山，修了漫湾澜沧江大桥。古渡口被水淹没，渡船和铁索桥被新建大桥和现代交通工具所替代。

由于在澜沧江上建了糯扎渡、漫湾、大朝山、小湾等四座百万千瓦级的大型电站，“高峡出平湖”，一座座大桥飞架南北。古时的渡口淹埋在平静的江面下，只能去听老人的传说，凭零星的一点记载，去畅想当年的船老大与马锅头的故事。

● 普洱府名字的历史内涵

普洱茶因普洱府而得名，普洱市因普洱茶而名扬中外。但对普洱真正内涵的解释却不断地困扰着人们，一种比较普遍的解释为“普洱”在哈尼语中就是“水湾寨”。我觉得这个解释比较局限，并与当时的历史背景不相符。

在新华国茶庄园品茶

普洱市位于云南省西南部，全市总面积 4.5 万平方千米，是云南省疆土面积最大的州（市）。普洱这块土地，在唐代时，为南诏国的银生节度使管辖，称为“步日赕”；宋代时，为大理国属地，改为“步日部”。

1253 年，大理国被大蒙古国灭，原国君段兴智被任命为大理世袭总管。元世祖至元七年（1270 年），元朝在原大理国境置云南行省，增强了中国对西南边陲的统治。

元代改“步日部”为“普日部”；明代洪武年间，改“普日”为“普耳”；明万历年间改为“普洱”；清雍正七年（1729 年）设普洱府，普洱成为府级建制，府台驻宁洱。

1913 年撤普洱府，设“滇南道”。

1914 年更名“普洱道”，道署由宁洱迁驻思茅。

1926 年道署搬迁回宁洱县。

1929 年撤普洱道，改设“普洱殖边督办区”。

1940 年改设“普洱行政督察区”。

1950 年改设“宁洱专区”。

1951 年更名“普洱专区”。

1955 年专员公署迁驻思茅，更名“思茅专区”。

2003 年思茅地区改设“思茅市”。

2007 年思茅市更名为“普洱市”。

下面我就从中华文化中去寻觅“普洱”名字的演化过程：

普洱这地方在元代以前为蛮荒之地。元朝是中国历代疆土面积最大的王朝。元代把“步日”改为“普日”。《三国志·吴书·吴主传》：“一天一统，于是定矣。”所以把“步日”改为“普日”更为契合时代背景。

明代把“普日”改为“普耳”，或许是官方看到东汉·许慎《说文》载“普日无色也”，意即白天黑夜一样昏暗无色。国家重要地方使用这样的名字不好，就用象形字“耳”，抑或是读着押韵，故而把“日”改为“耳”。

清雍正四年（1726 年）鄂尔泰调任云贵总督，兼辖广西，他在云南实行改土司制为流官制，即为“改土归流”。也就是取消土司世袭制度，设立府、厅、州、县，派遣有一定任期的流官进行地方管理，从而增强中央对西南广大地区的统治。

清雍正皇帝批准设置普洱府，此举属于顶层设计范畴。《康熙字典》对“普”的注释：普通、普遍、普天同庆。对“洱”的注释：“水名，洱海，沐浴、惠泽万物。”所以对古“普洱府”名字合理地诠释为“普天同庆，润泽万物”“普润万物、惠泽天下”等意思。今天被称为“天赐普洱”，也就能很好了解其中的含义了。过去把普洱解释为哈尼语“水湾寨”，寓意为有山、有水的地方，使得普洱地名含义的解释缺乏深度。故雍正皇帝不可能去采用民族言语的意义“水湾寨”。

思茅状元桥

第四章 普洱茶的兴衰历史

● 普洱茶产业简史

早期有关普洱茶的文献记载

云南作为世界茶树原生地和中国茶文化的重要发祥地，有着悠久的茶叶种植和加工历史，尤其是普洱茶，唐宋以来就享有盛名，因其对人体健康的有益作用，深受广大消费者的喜爱。

普洱茶发展始于商周，产于西汉，传于三国，商于唐朝，得名于明代，盛于清朝，衰于民国，享誉现代，复兴于 21 世纪。

东晋常璩（347 年）在其所著的《华阳国志 · 巴志》中记载：“周武王伐封，实得巴蜀之师……鱼盐铜铁，丹漆茶蜜……皆纳贡之。”巴蜀包括今四川省及云南、贵州两省的部分地区，故贡品中有云南茶。又据《史记 · 周本纪》载，周武王在公元前 1066 年率南方 8 个小国讨伐纣王，其中有濮人，他们祖居云南，是云南种茶人的始祖。故可以推测，在 3000 多年前的商周时期，云南的濮人已经开始茶叶使用了。

三国时期魏国的吴普在《本草》一书中记有：“苦菜，一名荼，一名选，一名游冬；生益州川谷山陵道旁，凌冬不死，三月三日采干。”上述记载中的“荼”即古“茶”字，茶最早为药用和野菜使用。益州是汉武帝元封二年（前 109 年）滇王归附西汉后以滇池为中心设立的益州郡，包括今昆明、曲靖、玉溪、大理，普洱等州（市）的辖区。晋 · 傅巽《七诲》叙述了当时各地的名特产品，其有“南中茶子”的记载，南中为汉代云南地区，“茶子”就是成个或成块的紧茶，说明在汉晋时期云南已生产紧压茶，并且此种茶是与宛柰、齐柿、燕果、巫山朱橘、西极石蜜齐名的特产。汉史还有“益州上表贡茶千斤，茗百斤”的记载。史料说明，西汉时云南已产茶。

宽叶木兰化石

此外在澜沧江中下游发现分布有大量过渡型、栽培型古茶树，有的树龄高达数千年，如凤庆香竹箐 3200

年的野生型大茶树、澜沧邦威1700年的过渡型古茶树和澜沧景迈山栽培型的2.8万亩古茶林，在今西双版纳、普洱、临沧一带很早就有种茶的历史。普洱茶从汉晋时期就已成为云南民族经济生活的一项内容，并且作为一宗地方特产已开始贡奉内地宫中。

茶叶生产与社会经济发展的历史脉络

中国的饮茶文化，在秦统一巴蜀之前，已在巴蜀兴起，且可以追溯到西周初年。《华阳国志》所载，西南夷在西周初年，巴蜀有芳纤香茗，向朝廷进贡的物品中就有茶，说明茶事活动在中国西南已发展到一定阶段。

西南饮茶风俗也沿长江流域逐渐向外传播。在云南随着汉武帝开发西南夷地，设置郡县，将西南夷地统一纳入中国版图后，云茶成为边疆向内地输送之物。经三国、两晋南北朝400多年的发展，种茶、贩茶由云南、四川不断沿金沙江（长江）向东传播，茶叶由药用过渡到广泛饮用，从而进入社会各阶层。

晋·傅巽《七诲》将南中茶子与国内外名特水果物产并列为“茶子”。隋统一全国，民间流传“穷春秋，演河图，不如栽茗一车”。古代有很多赞茶的诗文，推动饮茶习俗向北方传播。唐代饮茶在百姓中流传开来，特别在陆羽《茶经》的传播下，饮茶风俗日盛，茶成为“国饮”。

唐代饮茶以“烹煎”为主，即将茶饼碾碎成末再饮。这种方式一直延续至宋代，宋人点茶技艺更加高超。元末明初，饼茶生产渐衰退，散茶开始被人们接受，用沸水冲泡散茶的饮茶方式进入人们的生活。从唐代的“烹煎茶”宋代的“点茶饮”，到明代、清代流行简洁的泡饮，中国饮茶经历了漫长的发展变化。随着茶文化的推广，茶已经成为 “国饮”，也成为大众日常必需品，从而使得对茶的需求量与日俱增。日本的“抹茶文化”是唐代“烹煎”茶碾碎成末的传承。

孔明兴茶的传说及有关文献

云南地区的先民虽然很早就懂得使用茶叶，但真正大规模种茶是与“武侯兴茶”有关。经多方考证，“武侯兴茶”的史料记载虽多源于传说。近些年经大量学者调研探讨得出：实际上诸葛亮没有到过西双版纳、普洱、临沧、保山等茶区，是诸葛亮的部下到达过古普洱地区。西南地区的少数民族对诸葛亮的功德无比崇拜，因此把最好的东西化身为孔明的精妙传说。

史书中关于“武侯兴茶”的记载很多。最早的见于南宋李石《续博物志》载：“云茶山有茶王树，较五茶山独大，本武侯遗种，今夷民祀之。”1753 年《续云南通志》：“六茶山遗器，旧传孔明留铜锣于攸乐……。”此后 1807 年清·师范《滇系·山川》：“普洱府六茶山，曰攸乐……皆多茶树。六茶山遗器孔明留铜锣于攸乐，置芒于莽艺，埋铁砖版于蛮砖，遗木梆于倚邦，埋马镫于革登，置撒袋于曼撒因以其名，又莽枝有茶王树，较五茶山独大，传为武侯遗种，夷民祀之。”

思茅城区孔明像

1850 年道光《普洱府志》载：“六茶山遗器，在城（普洱）南，旧传武侯遍历六茶山，留铜锣于攸乐，因其名。又莽枝有茶王树，较茶山独大，相传为武侯遗种，至今夷民犹祀之”。

在关于云南茶叶记载史料中比较权威的清·阮福《普洱茶记》曰：“革登山有茶王树，较众茶树高大，土人采茶时，先具酒醴礼祭于此。”清·赵学敏《本草纲目拾遗》载：“普洱山在车里宣慰使司北，名普洱茶。诏备考，普洱茶产攸乐、革登、倚邦、莽枝、蛮砖、曼撒六茶山，茶王树传为武侯遗种。”

以上史志均在 1755—1850 年的 100 年间，记述了孔明山以孔明遗器命名的六茶山、“武侯遗种”的茶王树及人民群众祭茶祖的活动。

云南省境内至今还活着许多树龄在千年以上的古老大茶树，孔明南征因地制宜，教民种茶，发展经济，以资钱粮。此外，孔明深知处理民族关系的重要性，要讲团结，和睦相处，向各民族灌输茶文化，饮茶敬茶，借茶来教化各民族向和平文明转化，“以茶治边”以达到治国安邦、长治久安的目的，把茶文化与政治巧妙结合，可谓用意深远。

从历史研究看，225 年，蜀国攻打吴国失败，南中诸郡叛乱。诸葛亮兵分三路亲自南征，以“和抚”战略，五月渡泸，追击孟获七擒七纵，四都皆平。诸葛亮返回蜀前采取一系列巩固政权措施，将南中进一步郡县化，在滇南新增雍乡（今镇康）、水寿（今耿马）、南涪（今景洪）三县，将全省五郡调整为七郡。其中，建宁郡为政治、经济、文化的中心。

在经济上，开垦土地，广种粮茶。将永昌地区濮民数千落（户）迁至滇中平坝区的建宁、云南二郡，以实户口，使濮民安居乐业，屯田生产。在滇西南山区广植茶叶，数年后即：“赋出叟、濮，耕牛、战马、金银、犀革充继军资，于是费用不乏。”使得西南地区安定和睦，经济发展，“军资所出，国以富饶”。

滇西南各民族对孔明的怀柔政策很有感情，代代相传，将大茶树称为孔明树，古茶山称孔明山，称孔明为茶祖，举办茶祖会。在思茅等地，每年农历七月二十三日的孔明生日，即以大茶树为寄托举行祭祀活动。很多民族为感恩孔明，每年清明前后新茶开采时都会祭祀孔明。

自乾隆年间以来，每到诸葛亮生日，思茅石屏会馆都要举办“茶祖会”，届时各茶庄茶号和各商家都要聚在一起举行隆重祭茶祖仪式，恭读祭文，演奏洞经音乐，以祭祀诸葛亮兴茶的功绩。

贸易推动普洱茶发展

云茶产业的发展与历史上普洱茶的贸易分不开。普茶得名于明代，谢肇淛《滇略》（1620年）卷三中云：“士庶所用，皆普茶也。”这是普茶第一次作为专有名词出现。普洱茶因普洱府而得名。清·赵学敏（1765年）撰《本草纲目遗》云：“普洱茶出云南普洱府……”

思茅城区思澜公路碑

普洱，在西汉时属益州哀牢地，东汉时属永昌郡，南诏时名步日脸，宋代名步日部，元代改元江路，明洪武十六年（1383年）普洱治地改名为普洱，清雍正七年 （1729年）设普洱府，民国二年 （1913年）普洱府撤销。从雍正七年至民国二年（1729—1913年），普洱府历时 184 年。

2007 年思茅市更名为普洱市，准确讲应该称“思茅市复名为普洱市”。

因古代茶的名字多习惯用地名命名。“普洱茶”的名称，最根本还是由民间在普洱长期贩卖交易而形成，并在贸易中形成了普洱茶文化。因云南在唐宋时期属相对独立的南诏国、大理国管辖，云南茶叶与西藏的贸易交往记录保留较少。

古代茶叶贸易的不断发展，为普洱茶的远程运输销售奠定了基础。普洱茶通过“茶马古道”在唐代以后不断销往四面八方，西藏尤盛。阮福《普洱茶记》记载：“西蕃之用普茶已自唐时。”

宋代形成“茶马互市”，商人们将云南的茶、盐及内地的丝绸运销康藏沿线，又将康藏的马、麝香、羊皮、羊毛及来自印度的珠宝、首饰运回。为扩大这种边境贸易并征收税收，宋朝政府特于四川雅安设博易场和茶马互市司，定期组织大规模的贸易。

在南诏国、大理国存在的 480 余年的时间里，多数时期与唐宋关系较好，使云南与内地经济往来盛况空前。交易主要以茶马交易为主，“马之来，他货亦至”，以盐、茶、马为云南主要商品的对外贸易达到了前所未有的兴盛。

兴于唐、盛于宋的茶马交易，进一步推动了普洱茶在全国的销售。至元代，普洱茶更是成为云南市场交易的重要商品。元代李京在《云南志略·诸夷风俗》中说：“金齿、白夷（指傣族）交易五日洱集，以毡、布、盐、茶，相互贸易。”《滇云历年志》载：“六大茶山产茶……各贩于普洱。由来久矣。”可见普洱茶这一名词最早是由民间茶叶交易而形成，在明代正式载入史书。

镇沅难搭桥

● 清代的知名茶山中为何没有无量山、哀牢山

据《景东县志稿》："景东古徼外荒服地，曰柘南，曰猛谷，曰景董，为昔朴和泥二蛮所居。楚庄蹻略滇，汉武通夜郎、开西南，诸葛定越巂、永昌四郡，皆未尝涉其境。惟东汉时哀牢入贡，自古通载，其先九隆有避难开南城之事。迨至于唐，九隆裔细奴罗立国南诏，其孙异牟寻嗣祖阁罗凤称伪号，僭封岳渎，以蒙乐山为南岳，于其地置银生节度使，兼辖楚雄。后为金齿白蛮所夺，移府治于威楚，历郑、赵、杨、段之世莫能定。元中统三年平之，以所部隶威楚万户府。至元十二年，始置开南州，仍隶威楚路。至顺二年设景东府。明洪武十五年，阿俄陶纳款，命掌府事。是年三月降为州，属楚雄。十七年仍升为府。二十二年设景东卫，属云南布政司，嘉靖中设流官。清康熙四年，改掌印同知，二十六年裁卫。乾隆三十七年，改直隶厅，分隶云南迤西道。民国四年改景东县，并改隶云南普洱道尹。"

威楚为今天的楚雄，迤西道为今天的大理，也就是说历史上景东多属楚雄或大理管辖，到民国四年（1914年）才划归普洱管辖。

景东县包括现在的镇沅县、景谷县部分乡（镇），在民国四年才隶云南普洱道尹。加之景东距离昆明更近，所生产的普洱茶不可能运到普洱加工、销售，而是直接运往昆明销售，或运往大理销往西藏，所以在清代普洱府的史料中没有景东无量山、哀牢山等茶山的记录也是理所当然。

夕阳下的无量山

● 中国古代名人、名著对云茶的影响

茶圣陆羽写《茶经》对云茶的缺憾

陆羽出生于唐开元二十一年（733 年），今湖北天门市人。唐代陆羽完成了三卷本的《茶经》，这是世界上最早的茶学专著。陆羽被后人尊为“茶圣”。

《茶经》写作过程前后经历了近 30 年时间。其间陆羽经过初学茶启蒙、品泉问茶、出游考察、潜心著书、补充丰富成书等几个阶段，最终在建中元年（780 年）左右完成了这部划时代巨著。

但在陆羽的《茶经》里面没有关于云南茶的只言片语，成为云南茶最大的缺漏和遗憾。

据当时的历史背景推断，陆羽没到过云南。陆羽写《茶经》的时代，大唐与南诏国发生“三次天宝战争”，消耗了国力，引发了“安史之乱”，从此大唐由强盛走向衰弱。原本属于大唐藩属国的南诏国在南方借势崛起，脱离大唐成为独立国家，并与大唐开战数十年。南诏国与大唐很长一段时间以金沙江、长江为界，因双方交战，陆羽没跨过长江，就没有到达云南，也就没有相关于云南茶的记录。可从《茶经》开篇第一句可见：“茶者，南方之嘉木也。一尺、二尺乃至数十尺；其巴山峡川有两人合抱者，伐而掇之。”陆羽到达长江以北的巴蜀（四川）地区，说明当时四川界内有大茶树，当然应该是野生大茶树，否则谁舍得伐而掇之。

也许陆羽已走到金沙江边，看着滔滔江水，遥望江之南，带着一丝遗憾，返回故里。而云南茶却失去一次最好的营销机会，成为云茶的“千年遗憾”。

樊绰对云茶的贡献

樊绰生平不详，仅能从《蛮书》和《资治通鉴》中约略知一二。唐懿宗咸通三年（862 年），蔡袭代替王宽为安南经略使。其时樊绰为安南从事，是蔡袭的幕僚。咸通四年二月初七日，南诏攻陷交趾，蔡袭全家和随从 70 余人战死。樊绰长男樊韬及家属奴婢 14 人也一并陷没。樊绰本人于城陷时携带印信浮水渡富良江走免。咸通五年的六月左授夔州都督府长史。

《蛮书》载：“臣于咸通三年春三月四日，奉本使尚书蔡袭手示，密委臣单骑及健步二十以下人，深入贼帅朱道古营寨。三月八日，入贼重围之中。臣郤迴一一白于都护王宽。宽自是不明，都无远虑，领得臣书牒，全无指挥，擅放军回，苟求朝奖，致令臣本使蔡袭枉伤矢石，陷失城池。征之其由，莫非王宽之过！

从安南府城至蛮王见坐苴咩城水陆五十二日程。

咸通四年正月六日寅时，有一胡僧裸形，手持一仗，束白绢，进退为步，在安南罗城南面。

这是描述樊绰从南诏国回到安南（越南河内）时的窘态。

从以上推断，樊绰咸通三年（862 年）三月四日从越南河内出发，以军事间谍的身份前往南诏国了解风土人情、交通物产等，做到知己知彼。

樊绰行走的基本路线是从越南河内（安南）经过红河河口、曲靖、昆明、楚雄等地到南诏大理（苴咩城），水陆共需 52 日，但因樊绰一路耽搁，实际需要时间远超过 52 日。到大理后，樊绰没有按原路返回，而走永昌茶马古道，从澜沧江进入保山、凤庆、云县，又到澜沧江边的羊街渡口，坐渡船达景东县安乐街、保甸，进入刊木古道，从金鼎山翻越无量山，到景东城（银生节度府），再到开南府为终点后返回。返回时从景东经文龙、安定，南涧县的无量、宝华，经弥渡（白崖城）达楚雄，从原路返回，于咸通四年（863 年）正月六日终于到达河内（安南城南）。共历时 302 天，完成这项特殊任务。

非常遗憾的是咸通四年二月初七日，也就是樊绰如乞丐般，千辛万苦，完成使命回到安南。可一个月后，“南诏国攻陷交趾（今越南河内），蔡袭全家和随从七十余人战死。樊绰长男樊韬及家属奴婢十四人也一并陷没。樊绰本人于城陷时携带印信浮水渡富良江走免，于咸通五年六月左授夔州都督府长史”。樊绰有幸逃生，也得以保留《蛮书》手稿。

茶马古道

交趾，又名“交阯”，中国古代地名，先秦时期为百越支下骆越的分部，初期范围为今越南北部红河流域一带。秦朝以后，设“交趾郡”，为今越南北部。汉朝之后其地域范围历经演变。

公元前111年，汉武帝灭南越国，并在今越南北部地方设立交趾、九真、日南三郡，实施直接的行政管理；交趾郡治交趾县即位于今越南河内。后来汉武帝在全国设立十三刺史部时，将包括交趾在内的7个郡分为交趾刺史部，后世称为“交州”。

樊绰对云南茶的最大贡献是：公元863年写成《蛮书》。此书共十卷，对南诏国统治区的政治、经济、民族、山川、交通城镇及境外诸国做了详细记述，为现今仅存唐代著述中有关云南地区之专著，具有极重要的史料价值。

樊绰《蛮书·管内物产·第七卷》载：“茶出银生城界诸山。散收无采造法。蒙舍蛮以椒、姜、桂和烹而饮之。”古银生城即今普洱市景东县城，唐南诏国在景东设银生节度使，管辖范围相当于今西双版纳州、普洱市全境和大理州、临沧市部分地区，以及老挝北部、缅甸景栋、越南莱州等地区。这是目前官方重要文献中有关云南茶最早、最权威的记录。而“茶出银生城界诸山”只指他所看到银生城周边的漫湾古茶山、金鼎古茶山、老仓古茶山、御笔古茶山等诸山，而非今天人们所说的版纳六大茶山等地。

徐霞客对云茶的推广及对无量山的错失

道途遥远险阻是古人到云南游历的障碍，但徐霞客是个例外。在他60多万字的《徐霞客游记》中，《滇游日记》有25万多字，居各省之冠。这是徐霞客游历最远、内容最多的纪录，使他成了历史上最著名的旅行家。

徐霞客的云南行本来与茶叶关系不大，不是他记录的重点，但游记中有许多关于茶的描述。在《滇游日记》中，共写到茶、茶果、茶庵、茶房、寺庙等100余处。

徐霞客进入云南的时间是1638年。据统计，明代云南有寺院600余座。这些寺院的僧侣多来自内地，如北京、南京、河南、陕西、四川等。明朝晚期的社会动荡与文人的弃世，使得寺院成了“民间高人”的聚集地。

在巍山附近，徐霞客见到僧人们盘腿坐在铺着青松针的地上，前各设盒果注茶为玩。“初清茶，中盐茶，次蜜茶。”这也许是他对“白族三道茶”的简述。

从昌宁到凤庆，他在凤庆龙泉寺食宿，在那里喝到了太平寺茶、凤山雀舌茶。

在丽江，徐霞客遇到纯一禅师，这位禅师“馈以古磁杯、薄铜鼎，并芽茶为烹瀹之具”。这种饮茶方法，说明当时中原内地的生活、饮茶方式已传入云南。徐霞客在云南遇到很多来自中原内地，修行很高的僧人和文人墨客，他们在遥远的地方相识相聚，以茶清谈。

徐霞客从崇祯十一年（1638年）五月初十由贵州经胜境关进入云南，到崇祯十三年（1640年）正月东归，徐霞客在云南游历考察达1年零9个月。足迹踏遍昆明、曲靖、红河、楚雄、德宏、大理、玉溪、丽江、保山、临沧等10个州（市）46个县。

云南是世界茶树的发源地，生活在这块土地上的各民族自古就有种茶、采茶、制茶、饮茶的习惯。可惜徐霞客未能深入茶叶的主产区西双版纳、普洱，而是沿着腾冲、昌宁、凤庆等周边转了一圈。

崇祯十二年三月十三日，徐霞客在大理感通寺喝到感通茶：“中庭院外乔松修竹，间以茶树，树皆高三四丈，绝与桂相似。时方采摘，无不架梯升树者。茶味甚佳，焙而复爆，不免黝黑。”从这段描述可以看到茶树的生长情况、采制方法、加工方式等，虽然茶的颜色有点黝黑，但是徐霞客还是给了“茶味甚佳”的评价。

八月初六，他从昌宁抵达凤庆，在龙泉寺食宿了两天后，曾计划从凤庆、经云县从羊街渡渡过澜沧江，翻越无量山，达景东，再返回昆明。不料适逢雨季，到云县后澜沧江水猛涨，无法渡江，在八月十三日又再度返回凤庆。所以无量山、哀牢山秀美的风光、丰富的文化、中国茶的故乡，就这样与徐霞客失之交臂，景东茶又一次失去“营销”的好机会，成为最大遗憾。

“古代普洱茶第一奇人”许廷勋

许廷勋，宁洱人，清代中后期（生平不详）普洱府“普阳书院”的生员（秀才）。相传，许廷勋天资聪慧，但桀骜不驯，多次参加乡试而不中，因家道殷实，一生热衷于写诗赋词、饮酒品茗、游历四方。清光绪年间修编的《普洱府志》，将其所著的《普茶吟》收录《文艺志·卷四十八》。

《普茶吟》

清·许廷勋

山川有灵气盘郁，不钟于人既于物。
蛮江瘴岭剧可憎，何处灵芽出岑蔚。
茶山僻在西南夷，鸟吻毒菌纷轇轕。
岂知瑞草种无方，独破蛮烟动蓬勃。
味厚还卑日注丛，香清不数蒙阴窟。
始信到处有佳人，岂必赵燕与吴越。
千枝峭蒨蟠陈根，万树杈丫带余枿。
春雷震厉勾渐萌，夜雨沾濡叶争发。
绣臂蛮子头无巾，花裙夷妇脚不袜。
竟向山头采撷来，芦笙唱和声嘈赞。
一摘嫩蕊含白毛，再摘细芽抽绿发。
三摘青黄杂揉登，便知粳稻参康麧。
筠篮乱叠碧氄氄，松炭微烘香馞馞。
夷人恃此御饥寒，贾客谁教半干没。
冬前给本春收茶，利重逋多同攘夺。
土官尤复事诛求，杂派抽分苦难脱。
满园茶树积年功，只与豪强作生活。
山中焙就来市中，人肩浃汗牛蹄蹶。
万片扬簸分精粗，千指搜剔穷毫末。
丁妃壬女共熏蒸，笋叶藤丝重检括。
好随筐篚贡官家，直上梯航到宫阙。
区区茗饮何足奇，费尽人工非仓卒。
我量不禁三碗多，醉时每带姜盐吃。
休休两腋自生风，何用团来三百月。

鲁国华老先生精辟的诠释了《普茶吟》："这首《普茶吟》属七言古诗，写出了普洱茶山的奇特环境，茶叶生长的特点，种茶民族的习俗，采摘茶叶的过程，加工茶叶的方法，茶商的重利盘剥，土官的重重压榨，苛捐杂派的苦难，入市卖茶的情景，精选贡茶的情形，茶解酒醉的功效，等等，内容丰富，情感真切，诗句凝练深沉，艺术概括精妙，既有艺术性，又有真实性，可说是一首不可多得的介绍普洱茶文化历史概貌的好诗，亦可作普洱茶史研究的史实印证材料，这是一首前无古人后无来者的好诗。"他对《普茶吟》逐句诠释：

"山川有灵气盘郁，不钟于人既于物。蛮江瘴岭剧可憎，何处灵芽出岑蔚。"——滇南的高山峻岭川江河流之间盘聚着灵气，这种灵气没钟情于人，却降落附着在茶树上。蛮荒的普洱府属地中瘴疠漫延可怕，仙草般的茶叶种植在哪里？

"茶山僻在西南夷，鸟吻毒菌纷轇轕。岂知瑞草种无方，独破蛮烟动蓬勃。"——茶园深藏在普洱府属地的崇山峻岭里，这里百鸟争鸣繁花齐放，各种草树纵横交错。瑞祥仙草般的茶树在那里生长，打破了烟瘴的封闭，并生长茂盛。

"味厚还卑臼注丛，香清不数蒙阴窟。始信到处有佳人，岂必赵燕与吴越。"——聚集刚发的芽茶虽细小却味道醇厚，清香的茶树不计较山深箐密的环境。苏轼把好茶比作佳人，其实普洱茶的美就如中国十大美女中的赵飞燕和西施。

"千枝峭蒨蟠陈根，万树杈丫带余蘖，春雷震厉勾渐萌，夜雨沾濡叶争发。"——棵棵茶树枝叶青翠，根如盘龙，满山茶树都是修整后抽发的嫩枝。春雷震响后，茶尖慢慢萌芽了，一夜春雨的滋润，茶尖争先恐后地抽发。

宽宏村茶马古道雕塑

"绣臂蛮子头无巾，花裙夷妇脚不袜。竟向山头采撷来，芦笙唱和声嘈赞。"——不戴头巾、手臂上文着彩纹的男子，身穿花裙、赤脚的妇女，都到茶山上来采摘芽茶，在箹芦笙声中欢快地又唱又跳。

"一摘嫩蕊含白毛，再摘细芽抽绿发。三摘青黄杂糅登，便知粳稻参康麧。"——一摘毛尖（指农历二月开采）叫采春茶，再摘细芽抽绿发（三四月间）小满茶，三摘青黄杂糅登（六七月）谷花茶（谷雨茶），这时的茶已不纯正，就如谷糠相混。

“�篮乱叠碧毵毵，松炭微烘香馞馞。夷人持此御饥寒，贾客谁教半干没。”——茶叶一筐又一筐泡泡松松堆放得如小山，松炭小火烘烤得香喷喷，老远就闻见。老百姓靠这些茶叶换钱解决吃穿问题，但那些茶商不等茶叶干就来收购。

“冬前给本春收茶，利重逋多同攘夺。土官尤复事诛求，杂派抽分苦难脱。”——冬天先给定金，春天来收茶。茶收走，款常拖欠，这跟抢夺没什么区别。土官更厉害，他们强行征收，各种杂税无法逃脱，商市他们都要强行抽利。

“满园茶树积年功，只与豪强作生活。山中焙就来市中，人肩浃汗牛蹄蹶。”——满园茶树是多年辛苦的成果，只不过是白白为豪强劳作。经过采摘加工从深山下坝子到集市来，背得人肩酸痛、浃汗臭，驮牛蹄子受伤合不拢。

“万片扬簸分精粗，千指搜剔穷毫末。丁妃壬女共熏蒸，笋叶藤丝重捡括。”——挑到市场上的茶叶是经过簸扬后，将千千万万片分出不同品质，而且用手指不知多少次认真地剔尽碎渣杂物。把美女和神女一样的茶叶薰蒸，加工后用笋叶和藤条包裹捆扎好。

“好随筐篚贡官家，直上梯航到宫阙。区区茗饮何足奇，费尽人工非仓卒。”——把捆扎好的茶装进方筐圆篚中上贡给官家，或直接上贡到皇宫。微不足道的茶叶，却是茶农长时间辛苦劳作后才获得的。

“我量不禁三碗多，醉时每带姜盐吃。休休两腋自生风，何用团来三百月。”——我饮茶的量不超过三碗，醉后常加点生姜和盐以解茶醉。喝了三碗茶后，已感觉飘飘欲仙，又何需用300饼团茶呢！

思茅区街心花园

台湾师范大学教授、当代著名普洱茶专家邓时海先生称许廷勋为“品出普洱之气的第一人”。我认为许廷勋可为“古代普洱茶第一奇人”，也从诗中领略到当时在普洱府周边有很多茶山茶树，后来茶树变没了的原因后文再予论谈。

● 辉煌的普洱贡茶

历史上，随着茶叶生产的发展，历代统治者不断加强其管理措施，称之为“茶政”，包括纳贡、税收、专卖、内销、外贸等。贡茶作为一种制度，于西周时已确立。据《华阳国志·巴志》记载，早在周武王伐纣之时，巴蜀地区的“茶、蜜、灵龟……皆纳贡”。至唐以后贡茶的份额越来越大，名目繁多，“税天下茶、漆、竹、木十取一”。

宋代蔡京立“茶引”制，商人领“茶引”时交税，然后才能到指定地点取茶。自宋至清，为了控制对西南少数民族茶叶的供应，设茶马司，实行茶马贸易，以达到“以茶治边”的目的。对汉族地区的茶叶贸易也严加限制，多方盘剥。

作为贡茶的普洱茶渊源由来已久。周朝时云南茶叶就已经进贡朝廷，唐代（618—907年）贡茶一般由南诏国进贡。据明代史书记载“西番之用普茶已自唐时”“普茶名重天下，京师尤重之”。说明，普洱茶大量进入了皇宫，得到皇室权贵的青睐。

贡茶指有一定知名度的好茶，通常具有优异的色香味、独特的外形和优异的品质。贡茶的形成往往有一定的历史渊源或人文地理条件，云南普洱茶被列入贡茶，是因普洱茶与其他茶种的贡茶相比，有与众不同之处，被宫廷和贵族视为罕见品茗，也获得文人雅士的好评。

云南茶在历史上因古普洱府作为中心的集散地而被称为普洱茶。云南紧压茶在宋代已正式列入名茶和贡茶录中，当时列入的几十种名茶中就有云南紧压茶和方山露芽等。清雍正年间，云南普洱茶被正式写入朝廷贡茶案册，并指定为皇家冬天专用茶。朝廷令云南地方政府在普洱府增设官茶局，专司上贡用茗，并明确规定了每年向朝廷进贡的数量，对贡茶的制作质量要求也极其讲究。

云南普洱贡茶进入宫廷后深受欢迎，与其他茶种的贡茶相比，普洱茶与众不同，备受王宫贵族珍爱。《本草纲目拾遗》记载：“普洱茶味苦性刻，解油腻牛羊云毒……苦涩，逐痰下气，刮肠通泄。”清朝满族祖先原本是中国东北地区的游牧民族，以肉茶食为主，进入北京成了帝王统治者之后，养尊处优，饮食珍馐无所不及，那些饱食终日的皇亲国戚们特别喜爱和赏识普洱茶。因此“普洱茶名遍天下。味最酽，京师尤重之”“夏喝龙井，冬饮普洱”成为了清宫饮茶规范，也如《滇略》所说的："士庶所用，皆普茶也。"当时清朝上下饮茶品茗者，品饮普洱茶遍成嗜好。

《乾隆御制诗文全集》一书中的《烹雪用前韵》："瓷瓯瀹净羞琉璃，石铛敲火然松屑。明窗有客欲浇书，文武火候先分别。瓮中探取碧瑶瑛，圆镜分光忽如裂。莹彻不减玉壶冰，纷零有似琼华缬。雷後雨前浑脆软，小团又惜双鸾坼。独有普洱号刚坚，清标未足夸雀舌。点成一椀金茎露，品泉陆羽应惭拙。寒香沃心俗虑蠲，蜀笺端研几间设。兴来走笔一哦诗，韵叶冰霜倍清绝。"可见乾隆皇帝更是把普洱茶推向一个新高度。

清廷为更好地管控茶叶，在普洱府（今宁洱）设管茶局，建立了普洱贡茶茶厂，扩修茶马古道，同时在普洱、磨黑、景谷等地设置关卡，管理茶叶的运输。运送贡茶和茶叶的马帮，须持官府颁发的通关令牌，经关卡验证后方能放行，不持官府令牌入山采制和运输茶叶的则将受罚。

清代阮福在其《普洱茶记》中已有详细地记载："所谓普洱茶者，非普洱府界内所产，盖产于府属之思茅厅界也，厅属有茶山六处，……每年备贡者，五斤重团茶、三斤重团茶、一斤重团茶、四两重团茶，两五钱重团茶，又瓶装芽茶、蕊茶，匣装茶膏，共八色，……采而蒸之，揉为团饼，大而圆者，名紧团茶；小而圆者，名女儿茶，于雨前得之，即四两重团茶也。"

商人的重利令官府眼红，商人的盘剥又令茶农愤怒。于是，清政府于雍正七年（1729年）在思茅设总茶店，由官方垄断茶叶销售，并将新旧商民全部驱逐。官府的盘剥更猛于虎。他们"清戥重称"，"多买短价，扰累夷方"，导致了雍正十年（1732年）的大暴动。当时"思普诸山，当兵燹之后，地方疲敝……十室九空……身任地方，应加意抚绥……"。清政府为了缓解民怨，不得不于雍正十二年二次下檄，要求茶店官役"按照时价，公开采买。如有不法官役，借名多买，短价压送，扰累夷民……官则立即参详，役则立毙杖下"。

在此之后100年左右的时间里，由于清廷的抚绥政策，云南茶产业有了极大的增长。

普洱茶作为清廷钦点的贡茶，易武六大茶山曾得到清政府所赐"瑞贡天朝"匾，宁洱县困鹿山贡茶和墨江迷帝贡茶等成为清代皇家贡茶园，这是普洱茶辉煌历史和荣誉的见证。

● 走下宫殿的普洱贡茶

明代至清代中期是普洱茶的鼎盛时期，成为贡茶，很受朝廷赞赏，便极大地促进了普洱茶的发展和传播。

清代，因贡茶需求不断增大，清政府对茶叶发展的措施加强，以攸乐、革登、倚邦、莽枝、蛮砖、曼撒为主的六大茶山和以普洱困鹿山、墨江、景谷、景东，临沧双江勐库等地的茶山，成为云南主要贡茶和边销茶生产地区。据史料记载，清顺治十八年（1661 年），仅销往西藏的普洱茶就达 3 万担之多。

嘉靖四年的《滇海虞衡志》中写道："普茶名重于天下，此滇之所以为产而资利赖者也。出普洱属六茶山：一曰攸乐，二曰革登，三曰倚邦，四曰莽枝，五日蛮砖，六日曼撒，周八百里，入山做茶者数十万人……茶客收买，运于各处。每盈路，可谓大钱粮矣。"这是见诸史料的对六大茶山及对普洱茶采摘和贸易时的盛况的记载。

《云南通志》《普洱府志》和《大清一统志》等都有"蛮民杂居，以茶为市，仰食茶山"的记载，从道光年间到光绪初年（1821—1875 年），普洱茶的产销更盛极一时，商贾云集普洱，市场繁荣，国内每年都有上千队藏族商队到此买茶。印度、缅甸、锡兰、暹罗、柬埔寨、安南等东南亚、南亚的商人也前来普洱做茶叶生意。

普洱府管理着今天普洱市的 8 个县和西双版纳 3 个县等地，是这一区域的政治中心和贸易重镇，形成了普洱茶集散地。

清末民初，由于西方列强入侵，社会动荡加剧，战乱频繁，茶马古道及茶叶销路中断，普洱茶逐渐走向衰落。清代贡茶制一直持续到光绪三十年（1904 年），后因清朝末期，内部动荡，社会治安不好，贡茶送入京城的过程中屡遭贼抢，朝廷鞭长莫及，无力追究，贡茶制到此结束。

至民国时期，由于战乱和疾病的流行，普洱茶一蹶不振。当时流传的民谣："满山茶树头光光，茶农茶工泪汪汪，两手空空无出路，卖儿鬻女去逃荒。"真实地反映了普洱茶的衰败情景。至 1949 年中华人民共和国成立，普洱茶的年产量已由 2 万多担下降到一二千担。这时，普洱茶已空有其名，成为历史名词。

第五章 普洱茶的复兴之路

● 普洱茶的复兴之火

中华人民共和国成立以后，20 世纪五六十年代，云南省人民政府致力抓茶叶发展，垦复老茶园，大力发展新茶园，并重点发展云南大叶种红茶及绿茶，以满足国际茶叶市场的需要。

香港回归前夕，茶商担心回归后政策变化，急于变卖房屋移居国外，因而翻出了历年存放在仓库的普洱茶，这些存放几十年、上百年的陈年普洱茶开始被人们关注、发掘，普洱茶的价值才得以被重新发现、认识。

20 世纪末，随着台湾、广东开始流行普洱茶，作为普洱茶原产地的云南在 2002 年也开始掀起普洱茶热，云南的普洱茶文化活动蓬勃开展，使云南普洱茶迅速进入成长期，普洱茶成为人们喜爱饮用的茶叶，成为人们喜爱收藏的投资品，成为能喝的古董，2007 年普洱茶热达到巅峰。

普洱茶在适宜的条件下可长期存放、越陈越香的特质被挖掘，普洱茶的投资、收藏价值，健康功效的揭秘，点燃了普洱茶时代火光，迎来普洱茶的复兴。

江城土卡河畔的马帮

● 云茶（普洱茶）发展的五个阶段

普洱茶一枝独秀的阶段

唐宋时期，中原已经进入团饼茶阶段，属于南诏国、大理国的云南茶则处于散收、无采造法的初级发展期，云南茶的生产工艺和品饮方法远远落后于中原地区。

中原茶文化在明太祖的旨意下形成“团改散”，即把紧压茶销售改为散茶，同时引导冲饮茶文化从烦琐向简洁化发展。但散茶体积大，不方便运输，云南普洱茶依然以紧压茶为主入贡和销往各地。随着普洱茶入贡受到朝廷宠爱，普洱茶主要销往牧区的边销茶而得到更快的发展，而进入发展的鼎盛时期。

据有关史料记载，普洱茶的管理机构是在清朝普洱茶产销极盛时期才开始成立。清代中后期，朝廷对普洱茶管理结构的设置，强化了对边疆茶区的管控。

雍正七年（1729 年）清政府设普洱府，在普洱府地（宁洱）设立“茶局”，在思茅设“茶总店”，专办“茶引”（执照），实行官营官税及督办贡茶。乾隆元年（1736 年）撤销攸乐同知，攸乐同知移至思茅，改思茅同知，并在思茅设官茶局，在“六大茶山”设官茶子局，在普洱道设茶厂、茶局，统一管理生产和贸易，改历代民间交易为官府管理贸易。光绪二十三年（1897 年）在思茅设海关。

1913—1928 年，民国政府在思茅设“思茅沿边行政总局”，实行民营、官茶合办。

1929—1938 年，茶叶产业实现“官办民营”，云南相继有了墨江新华、勐海、凤庆等规范茶厂。

1937 年，墨江县人李子忠牵头，邀约庾恩锡等 20 余名股东，筹资 6 万银元，在墨江县景星镇新华村创建新华茶厂，新植茶苗 30 万株，成为思普地区第一个规范茶厂。

1938 年以前，云南各地生产的茶叶以普洱茶为主，当然，那时的普洱茶专指生茶，普洱熟茶的诞生是 1973 年以后的事。所以历史上的“普洱茶”是指晒青茶及其各种紧压茶。

1938 年起，云南开始生产红茶和炒青绿茶；1945 年起，开始生产蒸青绿茶；1964 年起开始生产烘青绿茶。

今天有些人主张“普洱茶应该只是普洱熟茶”，是因为其不了解普洱茶的发展历史。近20年来，普洱茶知名度非常高，但普洱茶文化很乱，争议很大，根源在于2006年7月1日，云南省质量技术监督发布云南地方标准《普洱茶》（DB53/103—2006）和《普洱茶综合标准》（DB53/T171—173—2006），把普洱茶分为生茶和熟茶，归入黑茶类。若当初分别做标准，把熟茶定义为“普洱黑茶”，而普洱茶回归历史定义为生茶，也许就不会有这些争议。历史没有假设，再去争议这些意义不大，今天想去根本性改标准不太可能，只能对其标准进行适当修订、完善。

普洱茶、红茶、炒青绿茶共同发展的阶段

这个阶段主要有两个标志性的时间点，1939—1973年。中国是世界茶树的故乡，云南是茶树的原产地，茶叶生产历史悠久，在20世纪以前一直是世界上最大的茶叶出口国。进入20世纪以后，东印度公司在印度、斯里兰卡等国大量发展红茶，严重冲击了中国茶叶的对外贸易，改变了中国茶叶出口的地位，同时也使红茶在世界茶叶市场上占据主导地位。

哀牢山风光

“七·七事变”后，日本全面入侵中国，东南重点茶区已沦陷，1938年开始，我国传统的江南出口茶产品受阻。民国政府为维持茶叶外销市场来换取外汇，购买抗战军需，同时也转移安置一些江南茶区的茶业技术人员，开始在西南大后方建设新的外销茶叶基地。为此，所属的中国茶叶公司几次派人前来云南茶区调查了解茶叶产销及品质情况。

1938年12月16日，民国政府经济部与云南省经济委员会合资，

创建了云南中国茶叶贸易股份有限公司，在凤庆（当时叫顺宁）、勐海（当时叫佛海）等地建立茶厂。中国茶叶公司派专员郑鹤春、技师冯绍裘来到云南凤庆，开启了云南试种现代茶园（台地茶），使用现代机械设备大量生产红茶、绿茶的历史。

冯绍裘先生以云南当地大叶茶“一芽一叶”鲜叶原料制成红茶、绿茶样品各500克，茶样邮寄到香港茶市，其中，红茶样得到很高的评价：“金色黄毫，汤色红浓明亮，叶底红艳发光，香味浓郁，为国内其他中小叶种的红茶中所未见。”

1939年初，冯绍裘受命筹建凤庆茶厂，同时向浙江、安徽、湖南、江西等省招聘技工，并在凤庆向当地茶农推广红茶改制技术，举办培训班，积极培育制茶技术人员，使用人力手推木质桶揉茶机、脚踏揉茶机、竹编烘笼烘茶（炭焙）等办法，当年就成功试制出了第一批工夫红茶，取名“云红”，并经香港转销英国，获伦敦市场茶师的高度评价，视为茶中之珍品，云南红茶在国际市场初露头角。

当时著名学者李佛一先生看到了印度、斯里兰卡的红茶崛起，对云南普洱茶出口造成巨大冲击，向民国政府上书获准，1939年以后开始相继筹建勐海茶厂和南糯山等茶厂，从印度购进英国人制造的大型揉捻机、切茶机、烘干机等近代工业设备。

1938年12月16日创建云南中国茶叶贸易股份有限公司，董事长缪嘉铭，经理郑鹤春。

1938年开始创建南糯山茶厂，主要创建人白孟愚。

1939年开始创建勐海茶厂，主要创建人范和钧、张石城，1940年4月正式投产，1942年因太平洋战争而停产，1952年恢复生产。

1939年开始创建凤庆茶厂，主要创建人冯绍裘。

1940年云南红茶统一改名为“滇红”。从此云茶产业中，“滇红”开启了辉煌的历史。

1941年3月在下关成立康藏茶厂（即云南省下关茶厂前身），厂长周昌为，主要生产紧压坨茶、砖茶。

1942年4月1日云南省思普企业局成立，以经销茶叶为主。

1950年9月云南中国茶叶贸易股份有限公司更名为中国茶叶公司云南公司。

1951年“中茶”商标注册。

1966年澜沧县景迈茶厂成立，即澜沧县茶厂和澜沧古茶有限公司的前身。

1975年4月成立普洱茶厂，云南普洱茶（集团）有限公司的前身。

中华人民共和国成立后云茶产品很丰富，用云南大叶种茶可以做六大茶类。云南绿茶又称“滇绿”“滇青”，有炒青、烘青、蒸青、晒青等。但普洱茶在云中茶的比重和普洱茶的影响力在下降，是因为普洱茶的销售市场主要在香港，年产量有限。

熟普的兴起，生普衰落的阶段

这个阶段，1973 年云南茶叶进出口公司开始办理自营出口茶叶业务，在昆明茶厂试制渥堆发酵普洱茶获得成功，当年出口普洱熟茶 10.2 吨。

1974 年云南茶叶进出口公司分别在昆明、勐海、下关三个茶厂进行规模化生产普洱熟茶，1975 年增加了普洱茶厂生产普洱熟茶。渐渐地日本、东南亚各地区，以及香港、澳门等地区的普洱茶的需求从生普转向熟普，从此普洱茶进入以渥堆发酵熟茶和生茶并存，但熟普的兴起，使生普进入衰落期。

从唐代到 1973 年的 1000 多年时间里，云南普洱茶主要是指原产于西双版纳、普洱、临沧等地的晒青茶及其紧压茶，主要集中在普洱府加工、销售，这种茶叶经茶马古道的马帮长途运输，需历时一年半载，才能到达消费者手中，茶叶在途中缓慢氧化，茶叶的汤色、滋味比江南地区的茶叶有较大变化，成为人们喜爱饮用的普洱茶。

从中华人民共和国成立到 1999 年的 50 年时间里，云南省致力于发展红茶和烘青绿茶，发酵熟茶在香港、澳门等地区热销。但普洱茶很少被人提及，大陆很少有人知道普洱茶，更没有多少普洱茶文化介绍，普洱茶似乎成了一个历史符号。

红河州马鞍底大茶树

普洱茶进入熟普、生普并列发展的火热阶段

澜沧江风光

普洱茶进入疯狂时代。1998年12月，台湾师范大学教授、中国普洱茶学会创会会长邓时海著《普洱茶》初版，在香港、澳门、台湾地区开始兴起普洱茶热。2004年改简体字版本在云南科技出版社再版，对国内茶文化的传播起到了非常大的推动作用。我是2005年初看了该书才开始认识普洱茶的。

2000年以后，云南各地举办各种普洱茶研讨会、论证会、茶叶交易会等活动。全国大城市的茶叶专业市场普洱茶的身影越来越多。各种茶叶评比、拍卖开始流行。

2002年，中国茶叶流通协会授予思茅市（今普洱市）“中国茶城”称号。

2005年4月，由普洱市人民政府、云南省农业厅、中国茶叶流通协会、中国国际茶文化研究会和云南省茶业协会共同主办的“第七届中国普洱茶叶节、首届全球普洱茶嘉年华、云南首届普洱茶交易会”在云南思茅举行。4月26日，第七届中国普洱茶叶节评出了10名首届“全球普洱茶十大杰出人物”，他们是：香港的白水清、何景成，法国的甘浦尔，台湾的石昆牧，陕西的纪晓明，韩国的姜育发和云南的罗乃炘、周红杰、张宝三、黄桂枢。

2005年5月1日，由首届“马帮茶道·瑞贡京城”普洱茶文化北京行组委会举办的“马帮茶道瑞贡京城”出发活动，正式在普洱县（宁洱县）举行，主办方共有120匹马，驮有224筐14420片普洱茶，于5月1日由普洱出发，途径成都、西安、太原、河北5个省的80多个县（市），马帮行程4000多公里，历时160天，于10月9日抵达北京。

2005年10月13日，首座“普洱茶都”落户京城马连道茶城。这是我国首家以普洱茶为主体的茶叶展示交易中心。

2005年10月15日，云南马帮进京文化活动在北京老舍茶馆举行“希望工程云南普洱茶慈善拍卖”，7饼357克普洱茶共拍得160万元。

2006年7月1日，云南省质量技术监督发布云南地方标准《普洱茶》（DB53/103—2006）和《普洱茶综合标准》（DB53/T171—173—2006）。

2007年4月8日，“第八届中国普洱茶叶节”开始，主要活动：第八届中国普洱茶叶节“百年贡茶回归普洱”系列活动，2007年3月19日起陆续在全国各地举行，由60多人和6辆车组成的盛迎队伍将护送“百年贡茶”——万寿龙团贡茶跨越北京、天津、山东、上海、浙江、广东等9个省（市），历时20余天，行程近万里，于4月8日回到云南省普洱市。这次选中的万寿龙团贡茶重约2.5千克，历经100多年仍然保存完好，色泽明显，世所罕见，是中华茶文化的瑰宝。“百年贡茶回归普洱”活动充分挖掘了贡茶的历史文化内涵，向世人展示了普洱茶的社会经济价值，促进普洱茶从投资收藏热向健康理性的消费热延伸。同时也表明，“百年贡茶”承载着普洱茶悠久的历史和深厚的茶文化内涵，“百年贡茶回归普洱”更深层次的意义在于普洱茶文化、社会和经济价值回归现代社会。

哀牢山风光

从2007年4月8日零时起，“思茅市”更名为“普洱市”。此外，原来的“思茅市翠云区”更名为“普洱市思茅区”，而“思茅市普洱哈尼族彝族自治县”更名为“普洱市宁洱哈尼族彝族自治县”。普洱市政府表示，更名是基于“三个尊重”和“三个认同”。即：更名一是出于尊重历史，实现渊源认同；二是尊重少数民族意愿，实现民族团结认同；三是尊重人大代表、政协委员意愿，实现社会认同。同时，普洱市政府确定普洱茶为普洱市的第一支柱产业。

2007年4月6日，第二届“全球普洱茶十大杰出人物”评选揭晓。他们是张顺高、骆少君、王曼源、杜春峄、曾云荣、郑仁梧、穆有为、邵宛芳、林平祥、苏荣新。

2007 年 4 月中下旬，普洱茶的价格从它的最高点开始下跌。“大益 7542”每件（30 千克）价格从零售价 2.2 万~2.3 万元，到 6 月初跌破万元。而在同期，“下关沱茶”“中茶”等几大制销企业的产品也在狂跌。很快，普洱茶在上海、广州、北京等主要消费城市迅速大幅贬值，茶价普遍下跌了 40%~60%，上演了茶价的疯狂过山车。不少投资者纷纷被套牢，市场一片哗然。2007 年，普洱茶市场跌入低谷。

2007 年，“普洱茶”成为中国年度最热“词”之一。

多元化、回归理性的发展的阶段

2008 年至今，经历了 2007 年普洱茶保质期问题的争议和价格大跳水后，普洱茶回归理性发展，“拯救普洱茶行动”“健康普洱、科学普洱”等举措成为各级政府关注的焦点。

普洱市提出“健康普洱、科学普洱”行动计划，云南省持续多年投入资金对普洱茶功效的研究。

2008 年 12 月 1 日，普洱茶国家标准《地理标志产品普洱茶》（CB/T22111—2008）实施。

2008 年普洱古树茶的兴起，把一蹶不振的普洱茶从谷底托起。之后进入山头茶的细分时代，中高端普洱生茶基本被古树茶占领。生普的产量逐渐增加，赶超熟普。

2008 年北京奥运会，经北京奥组委批准，普洱市制作三款“2008 北京奥运茶”，一号奥运国茶重 2800 克，原料为景迈山大平掌古茶，作为国礼茶，主要用于赠送参加奥运会的各国元首的；二号奥运国茶重 2008 克，原料为普洱市 26 座古茶山古树茶，主要赠送参加奥运会的副国级领导，奥运代表团团长等；三号为 9 块小茶砖礼盒，主要作为纪念茶，用于赠送运动员、裁判员、工作人员。

2009 年，“普洱茶具有降血糖功效”成果的发布，普洱市引入天津天士力，到普洱建设现代化的普洱茶加工企业，帝泊洱引领“健康普洱，科技普洱”进入一个新时代。

2009 年 11 月 18 日，“全球普洱茶十大杰出人物”出炉，分别是：闫希军、李师程、张奇明、张国良、陈凯希、陈国昌、邹炳良、盛军、曹冬生、焦家良。

2010年，普洱市率先在景迈山对台地茶进行稀疏留养（仿古茶园）获得成功。2012年开启全市生态茶园建设工程的序幕，从此在全省掀起仿古茶园的留养嫁接。

2012年9月，普洱古茶园和文化系统被联合国粮农组织公布为“全球重要农业文化遗产保护试点”。

2012月11月，普洱景迈山古茶林成功入选《中国世界文化遗产预备名单》。

2013年5月，国际茶叶委员会正式授予普洱“世界茶源”称号；普洱茶百年保持不变的砖、饼、坨有了新变化，普洱茶方便快捷产品的开发不断增多，龙株茶、迷你坨、手撕饼、茶针、茶粉、袋泡茶、花果茶、保健茶、茶饮料、胶囊茶、小罐茶等开始抢滩市场。

2014年，包忠华首次提出“晒红茶”的概念，即一种太阳晒干可长期存放的红茶，挖掘、复兴了晒红文化，晒红茶成为一个特殊红茶品类，开始红遍大江南北。

2014年9月，第四届“全球普洱茶十大杰出人物”分别是：丁俊之、太俊林、张芳赐、奥斯丁（美国）、付学奇、邬梦兆、赵美玲、章轩尘、袁明德、刘学敏。

2015年，“老茶头”开始流行，熟茶碎银子等老茶头成为香饽饽。柑橘皮一年叫果皮，三年才叫陈皮，具有理气健脾、调中燥湿、消炎化痰等功效。广东新会小青柑联姻普洱茶熟茶，开启保健茶的新模式。2015年澜沧古茶公司的第一颗“茶妈妈小青柑”的诞生，引起一轮小青柑热销，带动普洱熟茶再次新赶超。

2016年，普洱茶“中期茶”开始流行，2018年被称为“中期茶元年”，“存新茶喝中期茶”成为未来普洱茶的总趋势。

2017年9月，方舟子撰《喝茶能防癌还是致癌？》一文，称“普洱茶会致癌”引起轩然大波，茶界掀起普洱茶“保卫战”。

2018年，云南省委、省政府提出擦亮普洱茶“金字”招牌，全省兴起有机茶认证的高潮。

2019年10月，为庆祝中华人民共和国成立70周年和澳门回归20周年，以茶文化为纽带进一步推进滇澳合作，由香港新华集团、普洱茶投资（集团）主办的“濠江普洱情品茗会暨澳门回归20周年纪念茶献礼澳门”活动成功举办。普洱市用重达20千克的普洱古树茶制作的澳门回归20周年“龙团”纪念茶赠予澳门特区政府，被澳门回归贺礼陈列馆永久收藏。

普洱茶的市场分析

表 1　云南普洱茶 2004—2018 年产量及占中国茶的比重情况

年份	中国茶叶产量（万吨）	普洱茶总产量（万吨）	普洱茶在中国茶中的占比（%）
2004 年	83.5	2	2.4%
2005 年	92.0	5.2	6.8%
2006 年	102.8	8	7.8%
2007 年	101.02	9.9	9.1%
2008 年	125.48	5.28	4.2%
2009 年	135.06	4.5	3.77%
2010 年	146.25	5.08	3.3%
2011 年	160.76	5.56	3.46%
2012 年	176.15	8.13	4.61%
2013 年	188.72	9.69	5.0%
2014 年	204.9	11.4	5.13%
2015 年	227.66	12.9	5.67%
2016 年	231.33	13.6	5.88%
2017 年	246.04	15.7	6.38%
2018 年	261.6	17.2	6.59%
合计	–	134.14	–

资料来源《中国统计年鉴》

表 2　普洱茶在云茶产业中的产量、比重

年份	云南茶叶总产量（万吨）	云南普洱茶产量（万吨）	占比（%）
2008 年	17.2	5.28	30.7%
2009 年	18.3	4.5	24.6%
2010 年	20.7	5.08	26.9%
2011 年	23.3	5.56	23.9%
2012 年	27.4	8.13	29.7%
2013 年	30.9	9.69	31.4%

续表 2

年份	云南茶叶总产量（万吨）	云南普洱茶产量（万吨）	占比（%）
2014 年	33.5	11.4	34%
2015 年	35.9	12.9	36%
2016 年	37.5	13.6	36.3%
2017 年	38.7	15.7	40.1%
2018 年	39.8	17.2	43.2%

表 3　普洱茶品牌价值及在中国茶品牌的位次

年份	品牌价值（亿元）	位次
2014 年	52.10	4
2015 年	55.66	4
2016 年	57.09	3
2017 年	60.00	1
2018 年	64.10	2
2019 年	66.49	2

茶叶的主要消费市场及消费量

茶是世界上消费量仅次于水的饮料，世界上有一半左右的人经常喝茶，茶叶中消费量最大的是红茶。

世界上茶叶使用的主要形式是泡饮，但近年来趋向产品多样化，泡饮方便快捷化。

2017 年世界茶叶总产量为 568.6 万吨，中国产量为 246.04 万吨，占世界总产量的 43.27%；世界茶叶总消费量为 554 万吨，中国消费量为 213.48 万吨，占国际消费量的 38.5%；世界茶叶总进出口量为 173 万吨，中国茶叶总进出口量为 35.52 万吨，占国际总出口量的 20.53%，其中中国茶叶总进口量为 2.98 万吨。

茶消费量最多的国家分别是中国、印度、俄罗斯、巴基斯坦、美国、英国、土耳其、日本、埃及、伊朗、伊拉克等，但人均消费量差异大。

2018 年中国茶叶总产量为 261 万吨，实际消费量为 210 万吨左右，按 14 亿人口算，人均年消费量约 1400 克，若按 6 ~ 7 亿的中国人经常喝茶算，人均年消费

3000 克左右，喝茶人日均消费 8 克左右。

世界上每年消费的茶叶主要是红茶，约占消费总量的 75%，其次是绿茶、乌龙茶、茉莉花茶、普洱茶等。

中国、日本是绿茶的消费大国，以清饮为主。中国以炒青绿茶为主，而日本喜欢蒸青绿茶。中国、日本、东南亚一些国家是乌龙茶和普洱茶的主要消费市场。

茶叶消费人群的变化

世界茶叶的形势是产大于销，供过于求，世界茶叶出口量占世界茶叶总产量的比例，10 年来一直呈下降的趋势，而世界茶叶增长主要来自中国、印度、越南等国，因此，改善供需矛盾，除了要提高茶叶消费量外，产茶国需控制茶园的种植面积。

在国际市场上，茶叶的销售价格仍然很低，在不考虑生产成本和通货膨胀系数的前提下，10 年间均价始终在 3 美元 / 千克左右徘徊，茶叶生产国，除日本外，出口均价都很低。

据中茶协的调查显示，2017 年中国茶叶出口金额排名世界第二位。出口总量达 35.5 万吨，同比增长 8.1%；出口额达 16.1 亿美元，增长 8.7%；出口均价 4.54 美元 / 千克，与上年基本持平。红茶、绿茶和花茶出口量均有 6% 以上的较大增幅。中国茶叶出口至 128 个国家和地区，其中茶叶出口超过万吨的国家和地区有 12 个，占全年出口总量的 64.8%。

世界茶叶出口第一位是肯尼亚，出口量为 41.6 万吨；第二是中国，出口量为 35.5 万吨，第三位是斯里兰卡，出口量为 27.8 万吨。其他依次为印度、越南等。

世界茶叶进口第一的是巴基斯坦，进口量为 17.5 万吨；第二是俄罗斯，进口量为 16.0 万吨；第三为美国，进口量为 12.6 万吨。

中国六大茶类产品比例及出口情况

2018 年，中国茶叶总产量为 261.6 万吨，其中绿茶为 172.2 万吨，黑茶为 31.9 万吨（其中普洱茶 17.2 万吨），乌龙茶为 27.1 万吨，红茶为 26.2 万吨，白茶为 3.4 万吨，黄茶为 0.8 万吨。

中国出口茶叶以绿茶为主，2018 年，中国出口绿茶 30.3 万吨，出口红茶 3.3 万吨，出口乌龙茶 1.9 万吨，出口花茶 0.7 万吨，出口普洱茶 0.3 万吨。

云茶产业在中国茶中的地位

2018 年，云南省共有茶园 620 万亩，占全国茶园面积 4395.6 万亩的 14.1%，位列全国第二位；第一位为贵州省，684万亩，占全国总面积的15.6%；第三位为四川省，545万亩，占全国总面积的12%。

专家评茶

云南茶叶总产量39.8万吨，占全国总产量261.6万吨的15.2%，云南产量位列全国二位；第一位为福建省，产量40.1万吨，占全国总产量的15.3%；第三位为湖北省，产量31.5万吨，占全国总产量的12%；第四位为四川省，产量29.5万吨，占全国总产量的11.3%；第五位为湖南省，产量21.3万吨，占全国总产量的8%；第六位为贵州省，产量11.9万吨，占全国总产量的4.5%。

包装普洱茶

2017年全国主要产茶省的茶叶综合产值情况：第一位为福建省，产值达937亿元；第二位为云南省，产值达742亿元；第三位为湖南省，产值达713亿元；第四位为四川省，产值达630亿元；第五位为贵州省，产值达567.8亿元；第六位为湖北省，产值达500亿元。

2018年云南省茶叶面积630万亩，采摘面积600万亩，全省有机茶园面积45万亩，茶叶总产量为39.8万吨，其中普洱茶产量为17.2万吨，红茶产量为8.1万吨，绿茶产量为13.9万吨，其他茶类为0.6万吨。茶产业综合产值为843亿元，较2017年增加13.6%；其中农业产值为167亿元；增加17.6%；加工产值为297亿元；增加6.1%；第三产业产值379亿元，增加18.4%；三产产值比1∶1.8∶2.3。

第六章 漫谈普洱茶

● 诠释“盛世兴普洱”

中国有句俗语：“盛世兴收藏，乱世买黄金。”在太平盛世，国家经济繁荣，社会进步，个人财富增长较快，投资渠道需多元化。收藏品会升值，因此盛世收藏有保值升值的空间，古玩字画等古董、有价值文物会不断增值，成为一种投资商品。

在中国，古玩收藏的兴起最早可追溯到唐宋时期，并盛于明清。古代文人雅士收藏的古玩、玉石等可谓包罗万象、五花八门，越是稀有的东西就越珍贵，越具有收藏价值，收藏起来也更有意义。而今，随着生活水平和文化素养的日益提升，收藏雅趣也从达官贵人，逐渐发展到寻常百姓家。

乱世时期，古董收藏就不行了，既有贬值风险、又容易破碎。所以，乱世时，物价飞涨，黄金作为世界硬通货，因其不贬值，又易保管和携带，深受人们喜欢。

中国改革开放以来，经济快速发展，社会安定和谐，国家强盛，人民的个人财富得到快速增加，人民的财富投资就进入存款、股票、基金、保险、房产、收藏等多元化的投资理财方式。

在乱世，人民生命财产得不到保障，何谈理财？在抗日战争时期，云茶是国家用于出口的战略物资，需出口换取外汇购买抗战物资，故成为国家战略物资之一。中华人民共和国成立后的前几十年，国家从一穷二白的战后废墟上重建，物资短缺，人民的物质财富相对短缺。当时，自己有好的商品首先是用于交易销售，获得人民币去购买所需的商

无量山野生大茶树

品。当时在饭都吃不饱的年代，人们的身体缺营养，喝茶刮油，使人更容易有饥饿感，自然喝茶的人就少。

进入 21 世纪初，普洱茶具备了复兴的物质基础和文化条件，同时因普洱茶具有“六大”属性，才成就了“盛世兴普洱”。

一是普洱茶在适于的条件下，可长期存放，有越陈越香的仓储价值属性。

二是普洱茶在仓储过程中，经过微生物的作用，实现缓慢后发酵而提升品质，具有升值保值的属性。

三是每款普洱茶都有特定的产地、树龄、品种、产品企业等特殊信息，所以具有地域属性。

四是普洱茶有山头文化、加工文化、收藏仓储文化等，具有文化属性。

五是普洱茶有其一定的健康功效，具有健康饮品属性。

六是普洱茶可作期货、现货、抵押物等产品，具有一定的金融投资品属性。

所以，才在普洱茶行业内有“盛世兴普洱”之说。

康平镇斗茶大赛现场

● 古普洱府附近为何少有古茶树?

普洱广大地区很早就有茶，从银生茶到普茶再到普洱茶，中国古代茶名大多随地名，普洱茶是因普洱府而得名，普洱市因普洱茶而名扬天下。清雍正七年（1729年），云贵总督鄂尔泰上奏朝廷，请求增设普洱府获准，于9月17日设普洱府。古代茶、铁、盐等都属于国家专卖产品，是国家财政收入的主要来源。普洱府设立有180余年的历史，在巩固西南边疆统治的同时，也为朝廷管控着当地产出的茶叶、食盐等物资。从幸存的云南省釐金总局收茶叶的几张票据计算结果看，清朝的茶叶税的税率在25%左右，一斤毛茶相当于十斤大米的价值。

古代的普洱府下辖的宁洱、思茅两座以管理专营茶叶的古城，在方圆百里范围内很少有古茶树，宁洱县仅有一片很偏僻的困鹿山皇家贡茶园；思茅区只有一片200余亩的茨竹林古茶园，属于晚清朝廷管控弱化时期种植；墨江也只有迷帝古茶园的树龄稍大些。宁洱、思茅、墨江都非常适于茶树生长，但没有保留下较大的古茶树，是古人没有种茶？还是某种原因毁了古茶树？

很多资料中都记载在普洱府附近曾经有一定规模的茶山。清政府于雍正七年（1729年）在思茅设茶官局、总茶店，由官方垄断茶叶销售，并将新旧商民全部驱逐。他们“重税于茶”“清戥重称”“多买短价，扰累夷方”，官府的盘剥更猛于虎，导致了雍正十年（1732年）的大暴动。当时清政府处于较兴盛时期，茶农的“暴动”不可能是武力暴动，只可能以毁掉茶树的方式以示反抗。

茶叶过去是普洱府衙的主要税收来源，但四通八达的茶马古道、山间小路，各地茶农私自贩卖交易茶叶，偷逃税金，给朝廷管理茶山带来不便。一边是重税盘剥，一边是当地茶农偷逃税收，于是官府采用按茶树多少、大小来征收“茶树税”。“茶树税”和“茶叶税”是完全不同的两个概念，“茶树税”可谓是一劳永逸、旱涝保收；“茶叶税”是在交易过程征收。事实上“茶树税”成为重复征收的课税，这样即便是茶农自用也需交重税，茶叶的收入远不够交“茶树税”，不堪忍受重税的茶农进行了大规模暴动，但在当时清政府高压政策下，当地茶农不敢进行武力反抗，只能采用毁掉茶山、砍掉茶树这种最简单、直接的方式，也是一种无奈的“自残式”反抗。

“茶树税”此举，使官府在管理茶山、茶交易、收茶税等更为方便，减少了茶商私自倒卖茶叶的条件，达到对周边茶山的“坚壁清野”效果。同时，采取了另一项“屯垦种茶固边”的特殊政策，引入大量石屏、建水等内地商人和茶工，在勐腊、勐海等地种茶，既弥补了普洱府周边茶农毁茶后的税收损失，也巩固了清朝的边防。这种舍近求远的政策，使朝廷“茶官局”所使用的“茶引”制、贡茶制得以推行，在数百千米的茶马古道上所设的多道关卡发挥了最大作用，使思茅、普洱等古城内的茶叶交易实现利益的最大化。

我认为沉重的“茶树税”才是古普洱府周围没有古茶山、古茶树的主要原因。至于有种说法：“20 世纪五六十年代大炼钢铁时毁了茶树。”这种说法缺乏客观性！我也采访过很多老人，他们都说从记事开始就没有大茶树。因为树干砍了树根还会发新枝，人们房前屋后也会保留几棵自用，但在这些地方较大的茶树即便茶树根都发现极少。

在走访中只有距离古普洱府 5 千米左右的下曼夺小组，在一片烧制古陶的窑址旁，发现一株树龄 500 年左右的大茶树。当地老人讲：“在这里曾经有两棵大茶树，但不知何时，在离地六七十厘米的地方被人砍了树干，后来又长出新树干，树根一个人都围不过来，20 世纪 80 年代更大的那棵茶树因管理不善死了”。在废弃的“普洱陶”古窑遗址旁，还存活着一棵当年为避税而砍了茶树主干，后来又长出 7 个枝的古茶树，好像在守护着这些古窑，保留着很多未解之谜，尘封着一段不寻常的历史。

樱花陪衬下的思茅城

● 为什么普洱茶会成为茶人的终结者?

茶叶是大健康饮品，但喝茶毕竟不是吃药，不能治病。世界很多权威机构所证明，长期饮用可预防一些疾病。

茶里的主要物质为茶多酚、茶黄素、茶红素、茶褐素等，茶叶中上百种物质，为方便学习，就把复杂的问题简单化，只拿其中几种物质来介绍。

茶多酚是茶叶中多酚类物质的总称，包括黄烷醇类、花色苷类、黄酮类、黄酮醇类和酚酸类等。主要有解毒、抗辐射、去油脂等作用。

茶黄素是存在于黄茶、红茶、普洱茶中的一种金黄色色素，是茶叶发酵的产物。主要有抗氧化、防治心血管疾病、降血脂、抗癌防癌等作用。

茶红素是一类异质的酸性酚性色素的总称，在红茶、普洱熟茶、普洱老茶中含量较高。是茶叶汤色“红”的重要成分。茶红素的主要作用是一种很强的抗氧化剂，能够帮助老化的机体抵抗生物氧化，有抗氧化作用。

茶褐素是儿茶素氧化聚合形成的一类结构十分复杂的产物的总称，在黑茶、普洱茶的加工过程中，茶黄素和茶红素氧化、聚合而形成的一种褐色物质即茶褐素。主要作用于改善人体的综合代谢平衡，抑降血糖、血脂、血压、尿酸等效果显著。

茶叶的不同加工工艺就是围绕茶多酚的转化，通过发酵使茶多酚转化为茶黄素、茶红素、茶褐素等的过程。

不同地区、不同品种茶叶里的茶多酚等物质的含量不一样，能获得的健康效果也不一样，如江南地区小叶种茶的内含物质没有云南普洱茶含量高，人们常说的普洱茶的茶气重、苦涩味重、耐泡就因此。

以绿茶为例，任何茶叶都可以做绿茶，在它的茶多酚没有转化的前提下，云南大叶种的绿茶里茶多酚含量比四川、贵州、福建、湖南等中小叶种茶要高。

普洱茶通过仓储后发酵，可提升茶叶的品质，能形成独特的口感、汤色，满足不同人的需求。

一个人持续喝半个月左右普洱茶，再去喝其他茶就觉得没了“茶劲”，所以普洱茶成为茶人的“终结者”，或者说，普洱茶是茶人的最后一站。

● 普洱熟茶、新茶、中期茶、老茶哪种茶喝了更健康？

云南普洱茶晒青原料的茶多酚含量一般在 30%～35%。普洱熟茶中茶多酚含量一般在 15%～20%，其中 15% 左右的茶多酚转化为茶黄素、茶红素、茶褐素等物质。

普洱新茶中茶多酚含量一般在 30%～35% 左右，与普洱茶晒青原料基本一致。

中期茶中茶多酚含量一般在 22%～28%，其中 8% 左右的茶多酚转化为茶红素等物质。

老茶中茶多酚含量一般在 16%~21%，其中 14% 左右的茶多酚转化为茶褐素、茶红素、茶黄素等物质。

从茶的主要成分在茶叶中含量不一样、不同成分的作用机理因人的体质、品饮习惯的不同，只能大致建议体质偏寒、会影响睡眠的人少喝新茶，多喝熟茶、红茶。老茶好喝但价格贵，普通人可能难以接受。中期茶和晒红茶中各种成分相对均衡，价格适中，适合大众消费。

普洱茶青

● 普洱茶转化起主要作用的物质是什么?

普洱茶的转化主要是微生物在起作用。晒青的普洱茶原料没有通过高温，茶叶活性物质保持活性状态，在一定温度、湿度、空气条件下，茶叶中的有益微生物菌群不断产生、增加，从而使茶叶中以茶多酚为主的物体进行转化，茶多酚不断递减，转化为茶黄素、茶红素、茶褐素等新成分。

微生物菌群在一定的湿度、温度等条件下，日积月累，由量变到质变，通常生茶仓储六七年后普洱茶的转化会加速。这与一个女孩的发育过程相似，到十来岁开始发育，十六七岁发育很明显，才有“女大十八变”之说。所以普洱茶仓储 1~6 年的称新茶，仓储 7~20 年的称为中期茶，仓储 20 年以上的称为老茶。

普洱茶在加工过程中，不能通过高温，否则就失活。这打个比方，南瓜子通过高温烘炒后味很香，但不会发芽了；未经高温的生瓜子虽没香味，但在一定的温度、湿度下会发芽，孕育新的生命。这就是普洱茶、晒红茶等后发酵茶的核心秘密。

晨曦下的洗马河

● 普洱古茶树是不是树龄越大、树干越粗品质就越好呢？

普洱茶品质好不好的决定因素：

一是土壤，土壤中的矿物质成分为茶树提供主要营养，农民常说的地肥、地害（地瘦），就是不同土壤所含矿物质、有机质的多少，多为地肥，少为地瘦。

二是茶树品种，茶树基因的好差决定品质档次，同块茶地里同时种植、同样管理的茶叶，因品种不同而品质不一样的事例很多。

三是海拔、气候、降水、周围植被等自然环境。

四是留养模式，茶园的留养分为"古茶模式"和"现代丰产模式"。"古茶模式"指民国元年（1912年）以前种植的茶树，不开台地随机开塘，种植密度1.5～3米之间，茶树自然生长，不台刈；"现代丰产模式"指20世纪30年代开始实验推广，中华人民共和国成立后种植的茶叶大多是这个模式，为方便管理采用水平开台挖沟、高密度种植、台刈矮化、丰产。

不同留养模式在同一个地方、同时种的茶叶，品质差异也大。茶树主根的深浅影响茶叶品质，有句俗话："树有多高，主根有多深；树幅有多宽，须根有多长。"高大的乔木茶树根深蒂固，以吸收土壤深层矿物质为主；矮化的现代茶园茶树须根发达，以吸收人工增加的养分为主；在同一片地里，树长得高大、粗壮的品质会更好，树龄长并且留养方式得当，茶树才能长得高大；当然还有一种情况是茶树原本长的高大，后来树干被砍了，但树根扎得很深，茶质依然很好。

五是加工工艺，好材料要有好工艺，才能出好产品。

● 隔夜茶能不能喝?

“隔夜茶能不能喝”好像也成了茶文化的一部分，不时有人在推广提倡喝隔夜茶。从理化指标的角度看，只要隔夜茶没有变质，茶里的成分没有过多变化，处于食品安全范围，是可以喝，但不提倡。

打个比喻，隔夜的饭菜能不能吃？只要不变质、不变味，也能吃。特别是经济短缺时代，提倡节约，不浪费粮食。

我有一个熟人，他每次吃饭都是先把剩饭剩菜吃完了再吃新饭。长此以往，就成了以吃隔夜饭菜为主。他吃水果也是哪个烂就先吃哪个，最后也全是吃烂水果。这是不好的生活习惯造成的。在普洱有句谚语：“最伤男人身的一是酒后房事，二是喝隔夜茶。”

所以说，隔夜茶可以喝，有专家也进行了理化实验，除非你遇到特别心爱且稀少的茶，要不就是经济条件不允许，到了不得不喝的处境，否则最好别喝。

茶饼

●“健康普洱”五要素

饮茶有益于健康已世人皆知。相传“神农尝百草，日遇七十二毒，得茶而解之”，可见茶叶最早是作为药物被利用的。唐《本草》有：“诸药能止渴、消食、利尿、去腻、排毒，固不可一日无茶。”开门七件事为“柴米油盐酱醋茶”。茶，是中国人生活的必需品。这说明茶叶的作用和治病范围很广，当时人们还不知茶叶的组成成分，但这些记载足以说明饮茶有益。现代科学研究证明，茶叶既有营养价值，又具有保健作用。身体的健康与自由基密切相关，而茶叶中含有的茶多酚、儿茶素、氨基酸、茶多糖等成分，可以起到清除自由基，减缓人体衰老、增强人体免疫力等作用。茶是大自然给予人类的最好饮料，将成为21世纪的饮料之王。普洱茶作为茶叶大家庭的一员，作为后起新秀，成为茶中瑰宝，向世人展示着普洱茶的魅力和普洱茶人的价值追求。

我从以下五个方面谈了自己理解的“健康普洱”的内涵。

一、茶树自然生长环境的健康

北回归线是一条很神奇的线，它是北温带与热带的分界线，北回归线以北就是北温带，以南就是亚热带、热带。北回归线在中国的陆上过境广东、广西、云南等地，长度约2000千米，其中，过境云南的线段最长，约700千米，占了三分之一。横穿文山、红河、玉溪、普洱、临沧5个州（市）的墨江、景谷、双江、耿马等16个县。云南北回归线沿线雨量充沛，拥有碧波万顷的森林，沁人心脾的空气和四季如春的气候，造就了全球北回归线上的最大绿洲、人与自然和谐相处的绿色宝地，被称为北回归线上的绿色明珠。云南省茶叶主产区的普洱、西双版纳、临沧3个州（市）的茶叶主要生长在北回归线附近，这是上天赐予普洱茶的独特的、没有被污染的阳光、空气、雨水、土壤等自然、健康的生长环境。

二、茶叶生产控制过程的健康

当人类进入一个高速发展的现代社会时，随着人口的增多，需求的增长，科学技术的进步，人们摒弃了传统的农业工艺，一味提倡高效农业。特别进入20世纪90年代以后，各种农业新科技、新工艺广泛推广，过度依赖使用化肥、农药、生长调节剂等在某种程度上也就成为了现代农业的代名词。仅仅20多年的时间，当食品安全问题成为社会问题时，国家和社会各界才开始检讨过去，回归自然，提出发展生态、绿色有机农业，为此云南省把发展生态农业，绿色、有机茶叶作为未来发展主旋律。

为适应未来市场的需求，茶叶生产必须走传统工艺结合现代科技之路。从茶园种植、管理、采摘、加工、运输、储藏等控制过程必须按照标准严格进行，确保每一个环节都不被污染，让普洱茶实现生产控制过程的健康。

三、普洱茶文化推广的健康

不要神化普洱茶，饮茶都有利益健康，只是云南大叶种的茶多酚等内含物质含量比中小叶种更高些。人们追捧古树茶，一方面是古树茶根长得深，能更多吸收土壤矿物质；同时古树茶农药、化肥使用吸收比较少；加之数量有限，云南省古树茶产量在普洱茶中的量在5%左右，但未来仿古茶树留养的大树茶产量会提高到普洱茶的50%以上，大树茶会成为未来普洱消费的主流原料。人们日常喝的茶叶大多以台地茶为主，不要神话古树茶，而把台地茶“妖魔化”。

对于普洱茶产业的宣传要做到不夸大，不贬低。过去十多年，我们宣传普洱茶文化走了很多误区，普洱茶被“贵族化”，都去讲什么皇帝、贵族、名流等如何收藏、品饮，让老百姓觉得普洱茶昂贵，是奢侈品，消费端缺乏群众基础，让这么好的普洱茶没有成为百姓的杯中口福，没有更好地获得这份健康享受，使得普洱茶形成“大品牌小市场”的局面。媒体或是茶界写手要用真实的文字去还原普洱茶及历史文化的真实。比如这几年名山茶的价格被炒作得太高，与其价值极不相符，名山茶价格太高了假冒的茶叶就必然多，必然会产生“劣币逐良币”的结果。云南茶区生产的茶叶都是符合国家无公害食品生产标准的，很多茶园升级发展绿色食品茶，这是未来云南茶叶发展的总趋势。

无量山风光

四、市场发展的健康

普洱茶是商品，自然离不开市场规律和价值规律。市场发展的健康首先要杜绝原料造假、年份作假、产地作假，即把台地茶说成古树茶，把稍有点年份的茶吹捧成几十年的老茶。普洱茶市场定价要合理，要形成行业内的价格体系。普洱茶可以长期存放的特殊性，也就具有了投资贮存的价值和功能。我认为正常投资贮存普洱茶的年收益增值在10%~15%比较健康，也就是说6年左右投资收益要翻一倍，10年翻两倍，20年价格要翻四五倍。现在普洱茶过分渲染“越陈越香”，大家都把普洱茶贮存着，舍不得喝，我们这一代人若都舍不得喝，多可惜啊！昂贵的东西首先要是好东西，其次是物以稀为贵。现在，市场上老茶价高就是因为它稀缺。如果贮存二三十年的“老茶”市场上有几十万吨，到处都是，就失去它的稀缺性。到那时的普洱茶价格就会低于其价值，特别是生普价格被炒得太高的茶叶，风险真大。普洱茶过去提的是“存新茶，喝老茶”，应该改为“存新茶，喝中期茶”。我相信贮存了六七年到十五六年的普洱茶，茶多酚下降到20%～28%的干仓“中期茶”，将引领未来普洱茶的消费市场。

五、品饮文化的健康

普洱茶因其晒青的制作工艺，保持了茶叶本身内含物质的活性，具有后发酵作用，具有新的生命，且随着不断发酵，普洱茶的口感越来越好、滋味越来越醇。因此，人们常说普洱茶是阳光之茶、生命之茶。经常喝普洱茶，有一定降糖、降脂等功效，在大多数人都注重保健的时尚生活中，普洱茶又被人们称为“健康之茶”。

茶叶是健康饮品，每个人只要长期合理地选用适合自己的茶来品饮，自然会有独特的功效。不过什么样的茶适合什么样的人群是有讲究的。比如，新茶刮油、减脂等功效明显，但茶多酚含量高，品新茶时不宜贪多，适度就好；熟茶、老茶有降糖等功效，同时养胃，适合体质偏寒的人群；红茶汤色迷人，有养颜等效果，适合老人、小孩、妇女喝等。

自古中庸之道是很多中国人的传统做人理念。其实喝茶也是一样的道理，要根据自身的体质去选择适合自己的茶，普洱新茶、中期茶、老茶，熟茶、红茶、白茶等只有适合自己的茶才能喝出健康，浓淡相宜的品饮，自然能品出春意盎然，所以健康品饮的引导很重要。

那种把茶叶吹成能治百病的做法是不科学的。茶叶是大健康产品，不同的茶叶健康功效有所不同而已。茶叶就是用来喝的，首先是解渴，其次喝着舒服、愉悦，再次是有丰富的茶文化，最后才是健康功效。喝茶主要是预防疾病，真的身体有病了，正常的品饮茶量是不管用的。也因此，对于茶叶的功效宣传应加以正确引导，让人们选择适合自己体质的能四季饮用的茶品，这样才能喝出健康。其实，健康普洱，提倡的就是一种健康的生活方式。

● 普洱茶的理论创新

2014 年包忠华对普洱茶的仓储转化原理、仓储种类划分、普洱茶三个时段的划分等提出了系统理论。作为非茶学专业出身的人，可跳出惯性思维，来一个跨界思考。

过去看了很多茶叶研究方面的科普文章，总是把茶叶中一、二、三级分子成分的东西混在一起来对比、谈论，使我越学越不懂，越迷茫。我把复杂问题简单化，只用茶叶中的一级分子成分的四个主要物质来简要阐述，会更直观，普通人更易接受。

茶叶汤色以水浸出物为主，汤色中显现为黄色物质的为茶黄素，显现为红色物质的为茶红素，显现为褐色物质的为茶褐素，不显色的为茶多酚。

普洱茶陈化机制的构建

普洱茶等后发酵茶在仓储陈化的过程，是茶叶在一定温度、湿度、空气作用下，通过一定时间的仓储，使茶叶中微生物从少到多，从量变到质变，在微生物的作用下，使茶叶中的茶多酚转化为茶黄素、茶红素、茶褐素等。

茶叶中微生物生长环境（茶仓）最佳相对湿度为 30% ~ 80%；最佳温度为 10 ~ 35℃；需新鲜空气，但茶仓不宜让空气太流动，否则会带走更多芳香物质，使茶叶香气流失快。

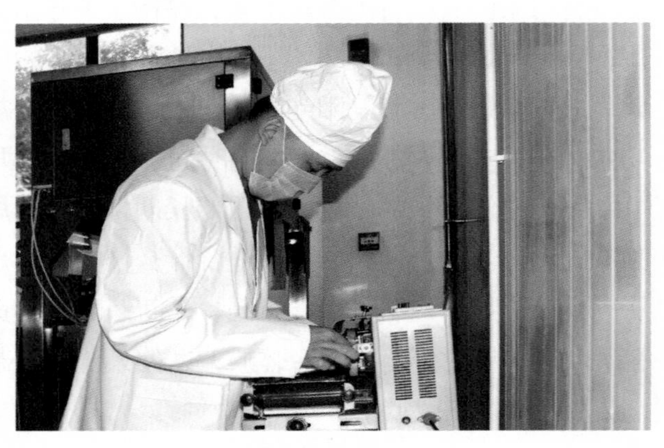

检测普洱茶

加工普洱茶

茶叶中的主要成分茶多酚、茶黄素、茶红素、茶褐素等物质转化的三种方式：

物理转化。茶叶采摘的鲜叶通过杀青、揉捻、晒干等物理作用下做成晒青毛茶的过程，物理转化是通过物理作用使极少量茶多酚转化成茶黄素、茶红素等物质的过程。

化学转化。在茶叶加工过程通过氧化作用使茶多酚较快转化为茶黄素、茶红素、茶褐素等物质的过程。

微生物转化。熟茶发酵及生普、熟普、晒红、白茶等茶在存放过程中进行缓慢的后发酵过程，是通过微生物作用把茶多酚转化为茶黄素、茶红素、茶褐素等过程。

"普洱茶仓"的理论构建

普洱茶仓泛指存放普洱茶的特定空间。茶仓分湿仓和干仓，干仓又分自然仓、技术仓、密闭仓。普洱茶的后发酵过程分为干仓与湿仓。普洱茶的发酵过程需要四个要素来实现：湿度、水分、氧气（空气）、时间。

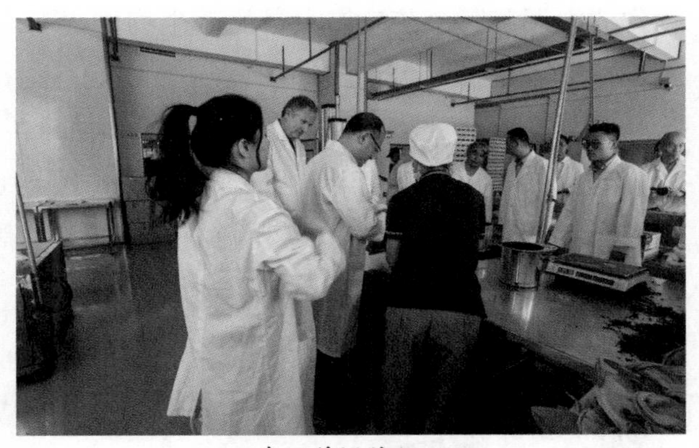

参观普洱茶加工

干仓是在空气中的相对湿度要求 85% 以下的后发酵仓储过程。

自然仓：自然仓即在自然的温度、湿度、空气条件下仓储普洱茶，又称云南仓。

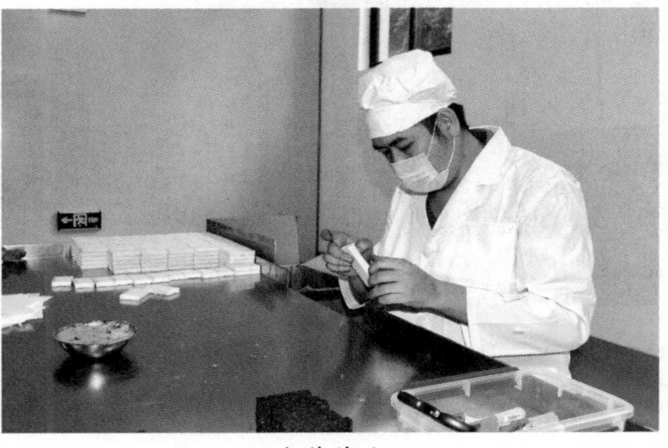

包装茶叶

技术仓：技术仓是用一定的科技手段，设定一定的湿度、温度进行控温控湿等现代技术仓储的方式。

密闭仓：是为保存茶叶原有的香气，使茶叶密封保存，但因缺乏普洱茶转化所需的湿度和氧气，转化较慢。

湿仓是空气中的相对湿度在连续多日保持在 85% 以上时进行的后发酵环境。茶多酚在相同时间内湿仓下降快于干仓，也就是说湿仓的后发酵速度更快。

普洱茶“新中老”三个阶段划分

普洱生茶按存放年限分：新茶、中期茶、老茶三个阶段，如人分少年、青年、中年、老年四个阶段，有分类才方便理解、对比，这才叫“茶如人生”。

新茶：茶叶采摘下来加工成普洱茶，自然仓储时间 1 ~ 6 年，茶多酚含量在 28% 以上，茶叶保持原有香气（花香、蜜香等），汤色没有明显变化的，称作“新茶”。

中期茶：存放了 7 ~ 20 年的普洱生茶，茶多酚含量下降到 22% ~ 28% 左右，称作“中期茶”，茶叶在大量的微生物作用下，使茶多酚不断递减，转化为茶黄素、茶红素等，汤色逐渐由黄绿色变黄红色，苦涩味降低，原有的香气减弱，陈香味渐显。

老茶：存放了 20 年以上，茶多酚含量下降到 20% 左右的普洱生茶，茶叶汤色显红褐色，茶的苦涩味少，彰显陈香味，叶底变黑，这就是“老茶”。

普洱新华国茶厂

茗旅

第七章　寻茶漫记

● 追着马帮揪马尾

我的家在景东县无量山西坡的保甸，一条从宁洱、镇沅、景东等县沿澜沧江东岸的无量山脚下经过的刊木古道（茶马古道）从门前经过，直到大理、丽江、拉萨。今天已经难寻古道的踪迹了，也见不到马帮驼铃的身影，只能去追忆儿时的马帮情结。

20 世纪 70 年代，我们那里没有通公路，离家不远处是保甸人民公社。儿时我家的门前每天有很多马帮和行人路过。说是马帮，在我的记忆里是骡子多，马少，我们区分马和骡子的方法很简单，马的马尾毛比骡子长。马尾毛不仅长而且有韧性，可以做捕鸟的扣子。村里比我大 6 岁的自老二是个捕鸟的高手，他用马尾毛做成的扣子，经常在稻谷田里捕到斑鸠，在自家院子里捕到麻雀等，我经常屁颠屁颠跟在他身后。

无量山上的牧羊人

从马尾上揪下尾毛不是一件容易事儿，首先马会踢人，其次是赶马大叔不让揪。只有两个机会下手，一是马帮在我家下面田里放马时，趁赶马大叔在村里做饭时下手；二是马帮在生产队仓房里驮公粮时，得手的机会大，因为马这时是拴着的，我装作给它喂草，自老二悄悄去揪。他有一次不幸肚子被马踢了一脚，让他在床上躺了几天，也不敢告诉大人，只能装生病。

那时，鱼网线之类的东西我们弄不到，只能使用马尾毛，马尾毛下扣子捕麻雀之类小个头的鸟是没有问题，要是捕斑鸠这类较大的鸟，如果不是勒到脖子经常被逮断，我们不是心疼鸟飞了，而是心疼马尾毛没有了。那个年代麻雀特别多，晚上到生产队仓房的墙筒里去捉，可以捉几十只。白天在院子里拿簸箕用一根棍子撑着，簸箕下面撒些麦子，当麻雀来吃麦子时，一拉绳子，簸箕下来准能罩住几只麻雀。

在童年的记忆里，自老二带着我们打陀螺、做三轮滑板车、踩高跷、捉鱼、捕鸟等，即使在物资匮乏的年代，也不缺童年的乐趣。后来我离家到外面上学、工作、成家，离家越来越远，几年才回家一次。2005年的一天，母亲突然告诉我自老二得癌症不在了，那时他只有43岁，说是酗酒引起的。

我家下面箐沟里鱼很多，我们经常放学后去捉鱼，单凭用手，捉几个小时也能捉到一二斤的大头鱼。记得在1977年冬的一个星期天，我、我弟包忠荣和邻居自贵华一起到磨房田去放猪。队里看水磨房的伊大爷家里杀年猪，下午看到他回家后，我们就去把水磨房的水断了捉鱼，可能是很久没有断水的缘故，沟渠里的鱼特别多，都是大头鱼，小一点的都不要，我们3人用藤子串鱼，每人拿了10多斤，只拿了一小段距离。太阳快落山了，我们怕伊大爷吃完饭回来挨骂，伊大爷脾气火暴，人人害怕，只能去把沟渠水还原。回到家我们兄弟两人收获的鱼有一大盆，晚上一家人用这些鱼酥了很多酥肉，吃了很久。现在家乡的大头鱼据说早就绝迹了。

20世纪80年代修通了公路，马帮就渐渐少了。我家门前的石头路也冷清了，很久见不到一个陌生人。我们那里没有石头，这些石头据说是几百年前从1千米之外的河里背来铺成的。我家下面有一段600多米长，1米多宽的石板路，包产到户之后不久，几天时间就被寨子的人抬回家盖房子用了，我也参加了那场哄抢石头大赛的过程。直到20年后，才知道这些是刊木古道，可惜那些见证历史沧桑岁月，留下无数蹄印足痕的石块，本是珍贵的历史文物，结局是到了农家成为砌牛栏猪舍的乱石，寂静的浸泡在粪堆里，只能发出无奈的叹息。

思茅倒生根公园

●“三道茶”情缘

云南大理的“白族三道茶”驰名中外，但很少有人知道在景东的民间一直传承着“彝族三道茶”，在无量山、哀牢山的广大农村，逢结婚、进新房等重大活动都经常用，已流传千年之久，这与南诏国、大理国时流行的饮茶文化有关。这几年我一直在研究、挖掘、整理银生茶文化，把这古老的茶俗命名为“银生三道茶”，加以推广，也算是对家乡的一点回馈吧。

在我的记忆里，爷爷50多岁，精神矍铄，中等身材，大嗓门，留一撮山羊胡子。冬天头上包着一个黑布包头，身上披一件羊皮褂子，脚穿一双千层底的布鞋。1949年10月后到包干到户的几十年里，爷爷都是生产队的粮食保管员，平时抽几筒旱烟，家里常年自制以玉米粒为原料的辣白酒，放入土坛中变辣，吃时加入开水，饭后必喝一罐“百抖茶”。

我家不种茶叶，茶叶基本上是母亲的外家从王家箐送来的，茶叶常年存放在火炕头的一个篾箩里。村民不习惯吃早点，一般10点左右吃早饭，之后出工干活，爷爷经常一边吃饭一边烤茶。

烤茶很是讲究，一个黑黝黝的土陶罐，已经使用了几十年，肚大口小，一个耳是用来捏茶罐的。先将陶罐放在火塘边预热，放入茶叶，边烤边抖，经过数百次抖动使茶叶均匀受热，烤至茶叶酥脆略黄时，将茶罐端离火源，灌入事前烧开的少量水，罐内茶水泡沫迅速浮起，待稍息，再冲入热开水至满，又在火上煨煮顷刻便才起罐，倒入碗中，反复倒出、加水、煨煮，在茶叶沉积的瞬间，让色、香、味一起融入舌底；品完茶，怀里的烟筒开始发出沉闷的咕噜声，在喷云吐雾之际，是爷爷一天里最享受的时光。

彝族人把这种烤罐茶，叫作百抖茶或罐罐香。这种茶味很酽，喝久了会上瘾，不喝头会疼。爷爷每天早晚都要喝，有时他忙就让我给他烤，因为手烘烫，我经常偷工减料，用烈火很快就烤结束，茶杯送到他手里一闻，他就知道没有按程序去慢慢的烤。他告诉我说，这茶烤得好，香味足，喝了干活才有劲，俗话说：“早上喝一盅，一天雄风；晚上喝一盅，一身轻松。”后来我才知道茶叶既解渴，又提神，真是好东西。

人类最早使用茶叶是药用的，后来才逐渐形成茶文化，过去农村缺医少药的，茶叶入药是常事。一次，我拉肚子几天不见好，爷爷抓一把糯米在铁锅里慢慢炒黄，再放入一些茶叶混合炒透后加入沸水，煮一会让我喝了一碗，很苦，有很浓的焦煳味，可这糊米茶的疗效特别好。

有一次我感冒了很久，父亲要给我打针，我怕疼死活不让，母亲就用茶叶加上花椒、生姜一起煮后让我喝，一碗浓汤下肚，叫我赶忙钻入被子里发汗，睡了一觉，出了一身汗，醒来感冒果然好了。所以我自幼比较了解茶叶，敬畏茶叶。

1993年我回家结婚，这是家里的大喜事，客人很多。客人进家入座，敬茶人用一长方形的茶盘托茶，大拇指、中指和小拇指托起茶盘，来几个客人就用几个茶盅盛上泡好的“糯米茶”，在客人面前翩翩起舞，给客人敬茶。

冲泡普洱茶

茶水不能倒满，说是“酒满敬人，水满欺人”。迎客用的这道“糯米茶”，又名“糊米茶”和“福米茶”，用糯米、茶叶在文火中慢慢炒黄，装入罐中，一般可储藏一星期左右，根据客人人数取出冲泡，当然现炒现泡最香，这是“银生三道茶”中的第一道，迎客茶，一种淡淡糯米香和茶叶芳香沁人心脾。

在收礼挂账的地方摆一盘糖果，一盘香烟，一壶用茶叶、花椒、生姜、桂皮一起用大茶壶煮成的“姜桂茶”，这是“银生三道茶”中的第二道，有解除疲劳的功效。这道茶的使用在唐代樊绰的《蛮书》中就有明确记载：“茶出银生城界诸山，散收无采造法。蒙舍蛮以椒、姜、桂和烹而饮之。”这是云南官方最早记录制茶、饮茶的文字史料，也可以说是云南最早的茶文化记录。

我们在外工作，婚礼上的很多礼数也简化了。乡里喜欢“88”，即“发发”的意思。院子里拉了8张桌子，中间留一条道。“总理”招呼客人入座，茶童则忙敬上一盅“百抖茶”，这是“银生三道茶”中的第三道，客人边喝茶、聊天、看出菜。

每一轮出菜上桌都很有特色，一桌围坐8人，吃的是8道菜。随着“总理”一声“出菜——”，堂屋外的“老古吹”吹响大筒、长号、唢呐；一彪汉从厨房门口走出，右手托盘，盘中放着8大碗，左手拿一条毛巾，跳着出来，盘子时而高过头顶，时而手腕相托，时而嘴叼牙咬；迎面来下菜的两人也跳着出场，舞姿轻盈，表演有几分诙谐幽默，让客人看了很是惊喜，这纯粹成了农村的一场歌舞节目，俗称“抬盘下套”，又叫彝族“跳菜”。如今这彝族“跳菜”已成为中国非物质文化遗产名录之一。

晚上，四面八方的年轻人蜂拥而至，都来朝贺“打歌”，随着芦笙、笛子、三弦、口琴声响起，男女手挽着手地跳起来，统一的步调，以两句“打歌要打三跺脚，跺起黄灰做得药”开场。

男唱：“好久不到这方来，不知这方有人才；认得这方人才好，别处不去这方来。”女唱：“小哥不到这方来，这方小妹等哥来；好久不来莫后悔，三天一回你要来。”打歌的围成圈，圈中央的桌上放有茶水、米酒之类的东西，让打歌人跳渴了喝，对歌声彼起此伏，热闹非凡。在祝贺我们新婚的同时，也成全了不少年轻人的相聚相遇、相识相爱，这习俗也不知成就多少新人进入婚姻的殿堂。

台湾记者品茶

普洱少数民族

少数民族

张双利、石剑涛和作者一起品普洱

● 考察“人类栽培、驯化野生古茶树的活标本”

我在《走进茶树王国》一书中了解到一些丫口寨大茶树的信息，一直没有机会去探访它。2013 年 7 月到景东县督查生态茶园建设工作，我特意提出要去大柏村寻访丫口寨大茶树，同时也期望回去看看我曾经工作过的地方有哪些变化。

景东县太忠乡大柏村位于国家级自然保护区哀牢山边缘，全村总面积 5.1 平方千米，辖 9 个村民小组，有农户 217 户，人口 936 人。海拔 1800～2100 米，年平均气温 20℃，年降水量 1500 毫米，全村耕地面积 895 亩，人均耕地不足 1 亩，没有水田，有林地 6758 亩，过去是一个一年只有半年粮，典型的高寒贫困村、文盲村、光棍村。

1996 年秋种时节，县财政局抽了几位熟悉农村工作的同志去指导老百姓“条播”种植小麦，我负责 3 个小组的指导种植工作。第一天晚饭后，我与一位村干部一起去外松山小组召开群众会。到了村口有十来只瘦骨嶙峋的土狗向我们发起围攻大战，组长赤着脚前来驱赶狗群，好不容易才把我俩引进到他家。组长姓李，50 岁左右，家里有三间低矮倾斜的土坯房，土坯墙四周顶着十来根木头。他家正准备吃晚饭，饭菜实在寒酸，一锅玉米粒饭外加一盆土豆汤。通知开会采用吹牛角这一古老方法。头顶上的电灯在一层厚厚的油烟包裹下，透出微弱的黄光，无法看清人的面孔。晚上陆续来了 20 多个群众，到会者大多是上了年纪的人，都披着蓑衣或羊皮，围坐在他家火塘周围，在朦胧中好像无论男女都在抽旱烟，几个装有老白干酒的盐水瓶相互传递着，一股浓烈的酒味弥漫四周。会议进行了一番宣传发动、科技讲解，但还是开得非常的沉闷，没有赞同也没有反对，很麻木的样子，这是我工作以来从来没有遇到过的会场景象。

第二次去大柏村是 1998 年冬天，组织全村修公路，村里负责提供炸药和部分工具，由群众投工投劳，4 千米多的公路分到小组再分到户进行开挖，我刚好负责丫口寨组的一段，大约 700 米长。在一条小箐两边搭了几十个小工棚，很多人吃住在工地，天蒙蒙亮，就有人上工地开工。我们也一早到工地指挥协调，看哪里需要多少炸药，解决什么问题。参加修路的人年纪最大的 76 岁，最小的七八岁。王大哥家两个孩子刚好放寒假，一起同大人拉赶板，那时群众的积极性很高，干劲也特别大，干活的敲击声和人们说笑声混成一片，场面特别感人。晚上，很多劳作一天的群众到村委会领物资、买些吃的东西，我们也每天买些老白干，一起喝酒、聊天。村委会的电视只可以收到一个台，有声音，但画面只见一片雪花状，什么也看不清。用了不到一个月的时间公路修通了，群众也陆续回家杀年猪，准备过春节。

当时局里根据村里实际大干坡改梯，改善基础设施；推广良种良法，解决吃粮难的问题。同时结合林地多的优势，连续几年发动种植了近2000亩茶叶，5000多亩核桃。那几年大柏村的扶贫攻坚的工作成绩斐然，得到了国务院的表彰，并在全省推广学习。现在再进大柏村，路虽然还是土路，但比那时宽了许多。放眼看去，当年种下的茶树已经产生了很好的效益，核桃树已经成林，树枝上挂满了核桃，就像无数盏碧绿的小灯笼。民房就镶嵌在果林中，房子已经焕然一新，还建起了10多栋小洋楼。一路有很多货车、小汽车、摩托车，路上遇到几位老乡，热情地打着招呼，精神面貌特别好。如今这里成了花果山、绿色银行、生态文明村。

今天来陪同我们的是村委会主任小周，今年29岁，是当年被我们选送到县城读中学，大专毕业后回到村里的。到了丫口寨，在前面带路的车停了下来，周主任指着距离公路100米左右的一棵大树说："就是那一棵茶树。"我说："怎么当年从树下路过近百次都没有注意到它。"我们很快来到大茶树下，两个人一起拉手也合围不过来，我还开玩笑说："如果姚明和王治郅一起可能刚好围得过来。"遗憾当时没有带测量工具。根据《走进茶树王国》一书记载："树高8.9米，树幅7米×6.6米，最大基部干围285厘米，属野生型古茶树。"树生长在山梁上，一个10来米高的土坎下住着两户人家。我兴奋地欣赏着大茶树，它仿佛一个精神矍铄的白须老者，树虽已经空心，但枝、叶长势很旺盛、均匀，果实结得很少。主人介绍说：

丫口寨人类栽培驯化野生茶树活标本

“这棵大茶树是我家老祖宗留下的最宝贵的遗产，一年仅采一拨春茶，不能多采，采多会影响它生长，今年采了3千克多，由于茶质特殊，没有苦涩味，回甜，比其他茶好喝，年初就被茶商订购，每千克价格1000元。”

探访茶马古道

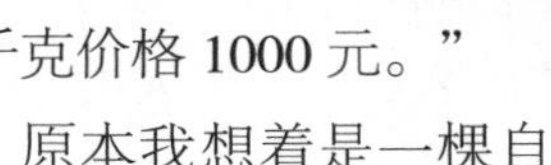

原本我想着是一棵自然生长的野生茶树，只是后来被人们管理加以利用而已。通过实地考察，这是一棵人工栽培的野生型大茶树，茶树在距离地面40多厘米的方分成大小不等的7枝，其中大的一枝也要一个人才能围得过来，都形成很多的采摘枝。我详细地观察发现，茶树的“老本娘”可能在几百年前遭遇雷击或人为原因被弄死了，但生命力超强的茶树在根部新长出的7个茶叶枝条，逐渐围着“老本娘”长大，多年后，“老本娘”化为尘土，它的7个“孩子”也长成粗细不一的样子，但都有一个共同的特征——树枝的内侧不是圆形，而是留下长期伴随母亲成长的记忆。

云南的古茶山我考察过很多，见过的古茶树也很多，其中不乏比它高大的，但比它古老苍劲的却很少。我不禁想起一句谚语：“树老心空，人老背弓。”主人说：“这是一棵祈福、许愿树，孩子到里面站一站，长得快；中年人到里面站一站，能心想事成；老人到里面站一站，能健康长寿。当地有小孩爱哭，抱进去站一下就不哭了；想要孩子的许过愿，来年能生个宝宝。特别灵验。”大家都进入树的空心处，祈福，留下一张珍贵的照片。乡领导问：“这棵茶树树龄有多少年？”当地没人知道树龄有多少年，也没有什么记载，但从它的生长环境及与其他地方古茶树的树龄比较，估计应该有1000年左右的树龄，是一棵人类栽培、驯化野生古茶树的活标本。千百年来经历了无数风吹雨打，至今还在茁壮地生长着，这就是生命的力量。

● 解密：昔归茶谁人种？

俗语讲“高山云雾出好茶”，所以茶树多种在海拔较高的山区。但云南昔归古茶山则相反，茶树种在海拔750～850米的澜沧江嘎里渡口边上，成为澜沧江两岸种植茶叶海拔最低的古茶山。昔归古茶山近几年成为茶界新宠，无数茶人到了昔归都非常疑惑，昔归茶是何人种植？

何秀才、何有才两位老人居住在距离昔归渡口10多千米外的云县大朝山西镇大石街，他俩生于20世纪30年代。中华人民共和国成立初期兄弟俩被划为地主，两位年轻时到临沧读过几年书，是当地的文化人，何秀才后来成为一名人民教师。老人讲：“我们的祖上是当地的大富人家，与苏三大人家是世交，父亲与苏三大人的重孙苏家文是结拜兄弟，比较了解苏大人家的历史。嘎里渡是因为嘎里河在此注入澜沧江而得名，但因嘎里河入口处是一片几百亩的河滩，嘎里渡主要建在江的南岸。后来叫西归渡，是指景东人从西方渡江归来之意。再后来临沧人就改叫昔归渡，这也就是昔归的来历。”

当问其昔归茶时，老人讲：“当年苏三大人从嘎里派了一个苏姓本家负责嘎里渡，做船老大，船夫们拖家带小住在渡口，男人靠划船，女人没有活干，苏三大人就让人从山上买来茶苗，在渡口边的忙麓山上种植，逐渐面积扩大到二三百亩，也让船老大负责看管茶山，茶叶运到云县、临沧卖，昔归茶在这方圆数百里都很出名，成为地方名茶。民国初年，苏三大人家蒙难，船老大一家也没回嘎里村，而在此定居。苏三大人当年还在海拔1800多米的长发山上种植了近百亩茶叶，当年山顶上设有炮台，那是为了让守炮台的人有活干而种植的。后来苏三大人战败后，废了炮台，茶叶也荒废了。”

前几年，我专门考察了云南的名茶山。茶叶要好喝，主要取决于生长土壤、茶叶品种、自然条件、留养模式、加工工艺等因素。昔归茶生长的土壤、地形、植被、气候都很特殊。

昔归后山叫大朝山，江对岸叫长发山，两山高耸林立，奔腾的澜沧江从两山峡谷间流出，江水流到昔归后，江面马上变开阔，水流平缓，昔归渡口成了这段数十公里的澜沧江上的第一个渡口。如今在昔归渡口再上去5千米就是大朝山水电站的大坝，而糯扎渡水电站的回水刚好回到昔归。

昔归西南背靠大山，东北面向大江，平坦开阔，江面的水汽来到这儿被高山阻挡，四季空气湿润，雨量增加，形成特殊的气候环境，树木长势非常茂盛。

昔归的茶叶品种为邦东大叶种，种植在杂树林中，形成树下茶林，茶树为藤条茶的留养模式，树形美观；土壤为红砂石土壤，透气性好，富含矿物质，这种土壤主要在海拔 850 米以下，总面积只有几百亩，如现在安置昔归移民的新村的地方就是另外一种土壤、气候环境。

如今拥有这片古茶的昔归和荒田两个村民小组中，当年的船老大的后人是这里唯一的苏姓人家。现在船老大的后人苏其华兄弟俩都成为了当地的茶老板，苏其华前几年在渡口边上建了一个“昔归古茶苏氏茶坊”，在当地也比较有名气，每年做些茶叶卖，开了个客栈，生意很是不错。2016 年 5 月，我去考察时苏其华到临沧去了，他爱人不清楚这些历史，但为我们做了一顿难忘的晚餐。我们住在他家的客栈里，夜里失眠，起床坐在茶楼里看着平静的江面，畅想昔归渡曾经的模样。

夜很深，明亮的月光下，知了叫个不停，江里的打渔人泛着小舟，渐渐地远去。望着江对岸的远处，朦朦胧胧的山外，是我的故里文玉。文玉村是个“一村连四县”的地方，过去是大朝山东镇政府所在地，我曾在那里工作过 7 年，留下很多美好的记忆，思绪再从茶山飞过平静的江水，回到苏三宝的传奇历史中……

明洪武十八年（1385 年）。麓川（今瑞丽）土司思伦法率众十余万人攻景东，打通临沧地区通往景东等地道路。《缅宁县志》载：“《云南通志》澜沧江上渡，即本县之嘎里渡。距城东 140 里，为通景要津，设船以渡。”嘎里渡口是当时缅宁至景东、云州至景东两条茶马古道在澜沧江的重要交通要塞。

昔归古茶山

苏三大人名苏三宝，1829 年出生在楚雄州双柏县大庄镇的一个汉族农民家庭。苏三宝长大后到了嘎里铜矿做苦工，后来参加杜文秀、李文学领导滇西回民、彝族、哈尼族等农民起义，成为义军首领，在与景东陶府的傣族军队作战中，由于作战勇敢，战功卓著，义军攻陷景东陶府后，战后向上禀报了苏三宝的战功，大理政权的“总统兵马大元帅”杜文秀授予苏三宝为“征东大将军”，驻兵嘎里（文玉村），并兼嘎里铜矿头领。

作者与昔归茶农

后来苏三宝投靠大清被清廷封为“义勇正图董”，并赏花翎副将军衔的“苏三大人”。又出兵参加平息云州（今云县）一带的地方叛乱，因参加平叛有功清廷把缅宁（临翔区）的平村、邦东的澜沧江嘎里渡封赠给苏三宝。

苏三宝凭借朝廷封赐，手中有兵权，牢牢控制嘎里渡口；扩建嘎里铜矿厂，到安板井开盐井；在临沧县昔归忙麓山和景东县长发山开种了数百亩茶园；在景东、云县、临沧等地开设“允丰号”从事经营活动。有多个马帮来往于各地，使小厂街货物充裕，生意兴隆；把铜矿、食盐、茶叶等生意做到景东、临沧、云县等地。

苏三宝雄踞嘎里后，因其受封，由于头顶四品官衔高于地方县令，又山高皇帝远，成为景东、缅宁（临沧）、云州（云县）的三不管地区。其管辖范围包括永秀乡全部，曼等、里崴、振太的大部分地方，临沧的平村乡、昔归村嘎里渡等，势力范围遍及镇沅的安板，景谷的民乐、小景谷，以及临沧、云县等地，面积近万平方千米，成为景东县内无量山以西、澜沧江两岸的豪强，40 多年不向朝廷交税、纳贡，成为一个豪绅。

历史有很多偶然性。假如没有苏三宝随意的安排人种下茶树，昔归也许同周边其他地方一样，成为一片橡胶树林，因为这个海拔区域在澜沧江两岸是最适于种植橡胶。没有苏三宝的随意，今天也许没有几个人知道昔归。

● 哈尼茶乡行

黄连山国家级自然保护区

云南省红河州美景多，但茶山的知名度不高。红河州为云南第五大茶区，但红河州缺少知名茶山，这也许与当地茶文化氛围有关，在朋友的相约下，我们冒着七月的雨前往江城、绿春、元阳等哈尼文化之乡。

2020 年 7 月的一天中午，李琨、王文贵、张颜辉和我四人从普洱出发，到江城县国庆乡田房古茶山，特意考察一个叫柏木山的古茶园，园主杨忠波从缅甸移植了数十株大茶树栽种在柏木山，长势很好。柏木山距离江城县城只有 5 千米，古茶园面积有 300 余亩，茶树多为林下茶，品质、口感与易武茶相似。自大茶树从缅甸回归江城就引起了高度关注。

这批大茶树的来历有些不简单，当年做木材生意的杨总来到缅甸八莫伐木，看到这里有成山成片的大茶树，就动了心思，办理通关手续进口了这些大茶树，部分落户江城柏木山。

红河哈尼梯田

八莫是缅甸克钦邦的一个城镇，位于缅甸北部，伊洛瓦底江上游，居住着克钦族（中国称景颇族）、掸族（中国称傣族）、缅族、华侨和印侨，是缅甸克钦邦的第二大城镇，华人称之为“新街”。13 世纪这一地区被蒙古军队占领，直到 18 世纪清军还长期进驻八莫，到 19 世纪后期缅甸被英军侵占，成为英殖民地。这些“回归”的大茶树有的径围 2 米多，估算树龄为 600～800 年，茶树品种多为栽培型中小叶种，为元代、明代的华人所种植。

下午从柏木山返回的路边拾到不少野蘑菇，就在南天门一家农家乐美餐一顿。晚上继续前行，晚上 10 点左右于红河州绿春县大水沟乡住下，度过了凉爽、宁静的一夜，第二天一早，在烟雨蒙蒙中赶往玛玉茶的故乡。

玛玉茶种因发现于绿春县骑马坝乡玛玉村而得名，为云南省地方群体优良品种。考察询问当地的茶企、茶人，了解不少地方政府的宣传内容后，总是觉得缺少一些什么。担心白天的所见、所闻、所思会淡忘，晚上回绝了酒宴，特为此写下一篇《玛玉古茶山的前世今生》。

玛玉茶仅以一个茶树的品种混迹茶叶江湖，并有一席之地实属不易。但茶树品种易传播到外地种植，也可称玛玉茶。以我多年写茶山的经验，应该以“玛玉古茶山”的面目出现更有利于品牌的推广。写清楚古茶山的位置、范围、环境、土壤、茶树品种、种茶人的人文历史、茶叶的品质特点等要素。

在云南，很多地方的茶历史文化都会很牵强地联系到诸葛亮身上，忽略了当地民族变迁的草根文化，没有去挖掘一些本来有据可查的历史、故事，反而引用虚化的故事、传说，并且各地雷同度高，其实是一种文化不自信。

考察完玛玉古茶山，回到美丽的山城绿春县，连续下了几天大雨，原计划去的地方路被冲毁，受一个老乡的邀请到了元阳县俄扎乡勐仲村的多沙古韵初制所。

俄扎乡勐仲村位于云南省红河州元阳县西南部，距离元阳县城 130 千米，距绿春县城仅 40 千米。多沙古韵初制所有片近 300 亩的茶山，茶山为 20 世纪 70 年代集体种植，因茶厂建在多沙小组后山，而取名多沙古韵初制所。这里海拔 1850 ~ 1900 米，茶园隐藏在密林之中，顺着原始森林的土路前行 2 千米，一路云雾缭绕，终于见到一片茶园和一座饱经沧桑的茶厂，村干部介绍这个茶厂是一个集体企业，曾经是乡里的明星企业，为当地发展茶产业起到“星星之火燎原”哈尼山寨的作用，目前全村有茶园 2000 多亩，成为当地支柱产业。当前在国家脱贫攻坚和乡村振兴的利好政策下，当地政府和挂钩扶贫单位积极招商引资，盘活集体资产，计划将硬化进厂公路、架通电、改造初制所等基础设施，使老树发新芽，老厂换新貌。

红河中越分境线

马鞍底茶农

勐仲村虽山高谷深，但森林植被极好，山有多高水就有多高，风光秀美，古朴的哈尼寨子，美丽的哈尼梯田，或宽或窄，或长或短，在绿油油的秧苗和茶叶的衬托下，更显生机蓬勃，犹如一幅水墨画，让人流连忘返。

从多沙回来后，我们来到绿春县城

边的八尺山茶园。八尺山茶园与绿春县城仅一沟之隔，公路近 2 千米，茶园种植于 20 世纪 60 年代，面积 200 余亩，茶树品种多从普洱引进，茶园管理较好，初制所可以算是绿春最标准规范的，茶叶品质在红河茶区属上乘。茶园边是八尺山水库，秀丽的茶山风光，是绿春县距离县城最近的一片观光茶园，是摄影爱好者拍摄县城最佳的地方，是绿春人登山踏青的好去处，我畅想着坐在八尺山观景台上，品着香茶，赏着哈尼茶乡文化，看着县城美景……

第三天一早，我们到绿春县政府向常务副县长做了 1 个多小时的汇报交流，前往金平县的马鞍底乡，上到茶山已经是下午，在山上走访了 3 个多小时，晚上到地西北村的街上吃饭，当返回到元阳县城时已是凌晨 1 点。第四天返回了普洱，短短 4 天茶山之行，行程近 1500 千米，虽然辛苦，但收获颇多，也为红河州写了“玛玉古茶山”和“马鞍底古茶山”两座古茶山的文章，也许对当地茶产业发展会有一定的推动作用，这也是此书完稿前的最后一次茶山行。

玛玉古茶山上的和谐乡村

第八章 普洱茶发展的挑战与突围

● 资源要素优势

茶树生长的自然优势。地处茶树起源中心的云南，由于特殊的地理环境，具有寒、温、热三带气候，素有“植物王国”之称。

“茶树起源大约在渐新世。由于从第三纪开始的地质变迁，出现了喜马拉雅山的上升运动和西南台地的横断山脉的上升，从而使第四纪后茶树起源地处在云贵高原的主体部分。由于地势升高以及冰川和洪积的出现，形成了断裂的山间谷地，使属这一气候区的地方出现了垂直气候带，即热带、亚热带和温带，茶树亦被迫出现同源分居。因各自处于不同地理环境和气候条件，茶树的形态结构、生理特性、物理代谢等都逐渐改变，以适应新环境。如位于热带雨林中的茶树，形成喜高温高湿、耐酸耐阴的乔木或小乔木，大叶型或中叶型形态。位于温带气候条件下的，则形成具有耐寒耐旱的特征，茶树朝灌木、矮丛、小叶型方向变化。位于亚热带的茶树，形态特征和生理特征介于两者之间，上述变化在人类引种、选择、杂交等的参与下加快了进程，形成了千差万别的生态型，这也是云南等地现今同时存在乔木、小乔木茶树和灌木型，以及大、中、小

思茅洗马湖风光

黄龙山风光

叶茶树的原因。所以在云南茶叶主产区的澜沧江、怒江流域具有乔木、小乔木茶树生长的地理、气候等自然优势。

茶树种质资源及基因优势。云南大叶种茶是指在云南境内生长的野生型、过渡型、栽培型茶树，成熟叶片以大叶为主，树干为乔木的茶树品种总称。云南大叶种品种众多，有根据地名命名的，也有按性状命名的，叫得出名字的有上百种，有国家级、省级、地方级的良种。

云南大叶种茶的基因就是树型高大，根深蒂固，叶子大而肥厚，茶叶中内含物质高于其他中小叶种的小乔木和灌木型茶。是人类茶树资源的宝贵财富。

在全球茶叶面积、产量相对过剩的情况下，云南大叶种茶依托自身优势，挖掘潜能，在过剩市场中异军突起，华丽转身。

云南大叶种茶的三大优势。一是抗自然灾害能力强，生命周期长，茶树可活数百年乃至上千年，并随着茶树树龄增加，茶树根长得更深，能获得更多茶树生长、发芽所需的营养成分，茶叶品质更好；二是云南大叶种茶内含物质丰富，可以做六大茶类的任何茶，并且品质好；三是云南大叶种茶耐泡，味道丰富，成为喝茶人的终结者和最后一站。

自然仓储的条件优势。茶叶的仓储一般指普洱茶、晒红茶、白茶等具有后发酵特质的茶叶在特定空间下的储藏过程。后发酵茶仓储陈化需要一定的温度、湿度、空气、时间等条件。仓储要求有流通的空气，周围环境不能有异味；仓储时不能让阳光直接照射；仓储时茶叶与地面、墙体需保持一定距离；仓储需要时间的积淀。

云南不仅非常适于茶叶生长，也非常适于普洱茶的仓储。普洱茶利用自然的温度、湿度、空气下仓储的干仓方式，称为自然仓或云南仓，自然仓最佳相对湿度在30%~80%、温度 10 ~ 35℃之间，相对湿度太大会致茶叶发霉，相对湿度太小茶叶转化慢，云南很多地方具备这样的温度、湿度，为建设云南仓（自然仓）创造得天独厚的条件，所以云南是地球上仓储普洱茶的最佳之地。

决定茶叶品质的五个要素的优势。

一是土壤要素：茶树生长是以吸收土壤矿物质为主，土壤中物质成分是决定茶品质的第一要素。相同品种、同样种管因土壤成分不同，而品质却不一样。

二是茶树品种要素：茶树不同品种内含茶多酚等物质不一样，叶片大小不一样，有的品种开花结果多，有的品种开花少，不同茶类的加工工艺对品种有一定的选择性，这才有国家级、省级、市级良种的认定；茶树分野生型、过渡型、栽培型等。所以茶树品种是决定茶叶品质的第二要素。

三是种养模式要素：种植模式是采用古法种植管理（满天星式），还是采用开水平台地、密植、矮化、丰产的“台地茶模式”（现代茶园），还是进行稀疏乔木留养模式，即仿古茶树模式。同一块地、同一品种，种管模式不一样，茶叶品质也不一样。

四是自然环境要素：茶树生长地的海拔、气候、降水、日照、周边植被、空气等都对茶叶品质有一定影响。

五是工艺仓储要素：有好茶原料还要有一个好的加工工艺，才能生产出好产品，还要保管、仓储好茶叶。

普洱茶文化资源的优势。普洱茶文化是指普洱茶产地各族人民从古至今创造的，在对茶的发现、驯化、栽培、制造、加工、运输、保存、销售、饮用等过程中所产生的物质文化与精神文化的总和。它与自然、地理、民族、经济、文化紧密相连，涉及各民族种茶人、制茶人、售茶人、饮茶人的生产方式、生活习俗、思想观念、宗教信仰、文化艺术等方面。

云南有大量古茶山、古茶树，有上千年种茶、制茶的历史，有贡茶文化、马帮文化、茶马古道文化，各民族有茶交易文化、茶饮文化，有茶医药、茶民俗、茶品饮、茶美食、茶碑刻、茶文史、茶诗词、茶楹联、祭茶祖、茶文艺、茶叶节等文化。

普洱茶商贸历史悠久，普洱茶贸易历经唐宋元明清至民国时期，以及中华人民共和国成立以后，一直延续到现在。普洱茶成为一种附加茶文化价值的产品。明清以来至民国，先后在普洱、西双版纳、临沧、昆明等地兴办了大量老字号的私营茶庄商号，推动了普洱茶加工和贸易的繁荣。

普洱茶文化具有独特鲜明的地方性、民族性和包容性，因此才有“云南普洱景迈山古茶林”入选《世界文化遗产后备目录》，“云南普洱古茶园与文化系统”和“云南双江古茶园与文化系统”分别入选首批和第二届中国重要农业文化遗产；云南有数十个茶叶传承项目荣获国家级、省级、市级非物质文化传承。

民族文化资源的优势。茶与人们的精神文化关系密切。云南是一个多民族的地方，茶与民族宗教的祭祀有关，许多宗教仪式都离不开茶。产茶区各民族婚丧嫁娶、乔迁新居、节庆习俗、生产劳动、休息娱乐，都要用茶，茶已成为民俗中不可缺少的东西。

茶与民间医用食用有关，茶的药用及保健功能正不断得到科研和实践证实。

中华茶文化的历史演进中，始终蕴含着真、善、美的崇高精神。茶文化作为中华传统文化的重要组成部分，茶艺、茶道、茶德，通过品茶而升华。饮茶从“柴米油盐酱醋茶”的物质享受层面上升到茶与人生哲学的结合，列入“琴棋书画诗酒茶”的精神文化层面；中国茶文化贯穿“观、品、闻、水、器、人、境”的博大精深与融合。

茶既是人们的财富之源，更是对传承“天地人和”“天人合一”“茶气人和”的自然观的生动诠释。云南省农业厅原厅长王敏正总结：品茶的最高境界是“和”字，即一个人喝茶，和心；两个人喝茶，和顺；一家人喝茶，和睦；全国人喝茶，和谐；全世界喝茶，和平。

茶文化具有以茶和心、以茶敬客、以茶行道的功能。以茶和心，可陶冶个人情操，提高个人道德品质和文化修养。以茶敬客，可协调人际关系，普洱茶区各民族之间，以茶待客，以茶联姻，以茶为礼，以茶会友，和睦相处，化解矛盾，增进团结。以茶行道、以茶入诗、以茶入艺、以茶唱曲、以茶广交天下。茶文化具有善化人心、净化社会、美化生活、雅化环境的辅助功能。

茶文化有茶诗词楹联、民歌、民间传说故事、文学、艺术等。以茶会友，广交天下，以茶文化搭台，茶经济唱戏。

2006—2019 年，云南省连续举办了 14 届中国云南普洱茶国际博览交易会；1993—2017 年，普洱市举办了 15 届中国普洱茶叶节；促进了中外茶文化交流，促进了云南经济社会发展。所以说茶文化是中华民族优良传统文化的一个组成部分。

临沧市云县昔宜风光

● 普洱茶资源要素的劣势

思茅区红旗广场

交通条件的限制。云南茶叶主产区多属山区和半山区，茶园距离初制所较远，交通不便，茶叶容易捂着而影响品质。

生产成本的限制。普洱茶、滇红茶、滇绿茶相比全国其他茶叶平均销售价偏低，茶叶采摘、加工成本高，一般茶农茶叶收入不高，茶叶加工企业效益不好。

加工技术的限制。云南茶叶面积大、种植相对分散，多为个体种植，产业化水平低，茶叶初加工水平参差不齐，茶叶深加工企业多而小，产能过剩，加工产生成本高，产业链深度不够，茶叶附加值低。

营销理念的限制。云南人是“家乡宝”，走出云南闯市场能力不强，营销方式单一，营销理念、能力不强。

资金实力的限制。云南本土企业资金实力弱，大多只能以做初加工和卖原料为主，品牌宣传、市场营销能力不足。

人才和劳动力的限制。云南从事茶行业的专业人才留不住，茶山很多年轻人外出打工多，缺乏精壮劳动力，采茶、加工茶的多为中老年人，一些低效茶园被抛荒、弃采。

鸟瞰曼歇坝

● 普洱茶企业小、散、弱的现状难以改变

中小型茶企的困境。云南茶企长期以“多、小、弱”的现状为主，存在普洱茶企业多，企业规模小，企业资金实力弱，企业品牌影响力弱，企业茶农收益低等基本情况。

近 10 年来，普洱茶产业中引入外地资本、人才，扶持本土企业成长等有效举措，形成以中茶、大益、雨林古茶、七彩云南、五正熟茶、澜沧古茶、帝泊洱、龙生、新华国茶、祖祥、下关沱茶、滇红、戎氏等为代表的一批茶企业。

但普洱茶中有上万户中小企业、小微企业、茶叶初制所、农民茶叶合作社、农民茶叶农场等。除少量名茶山茶价相对较高，茶农和初制所、合作社效益相对较好，云南大部分中小微企业存在体量小、资金短缺、融资困难、经营困难等实际问题。

传统茶叶产销链条为：茶农种茶、采茶—初制所收购鲜叶加工、销售—茶厂购进原料、深加工、销售—各级经销商销售给终端消费者。

小型初制所鲜叶价格透明，竞争激烈，只能赚取加工费用，利润单薄。

加工销售型企业普遍缺乏周转资金，营销困难，茶叶销售资金回笼慢，税收杂费高，加之茶叶销售商、消费者直接进茶山收购原料，价格透明，很多加工厂被边缘化。

实体店经销商受电商销售的冲击大，房租费用和工人成本高，没有市场竞争力，经营困难。

电商企业进入门槛低，多属低价销售，产品信任度低，竞争激烈，实际经营效益好的也不多。

据《云南省茶叶生产企业名录 2018 最新版》：“云南省共有茶叶企业 2339 家。”

茶叶种植专业合作社“多而不实”。根据 2006 年 10 月 31 日第十届全国人民代表大会常务委员会第二十四次会议通过《中华人民共和国农民专业合作社法》。

为了支持、引导农民专业合作社的发展，规范农民专业合作社的组织和行为，保护农民专业合作社及其成员的合法权益，促进农业和农村经济的发展。

农民专业合作社是在农村家庭承包经营的基础上，同类农产品的生产经营者或

农业生产经营服务的提供者、利用者，自愿联合、民主管理的互助性经济组织。

农民专业合作社以其成员为主要服务对象，提供农业生产资料的购买，农产品的销售、加工、运输、贮藏，以及与农业生产经营有关的技术、信息等服务。

合作社成员以农民为主体；以服务成员为宗旨，谋求全体成员的共同利益；入社自愿，退社自由；成员地位平等，实行民主管理；盈余主要按照成员与农民专业合作社的交易量（额）比例返还。

《云南省茶叶种植专业合作社名录 2017 年最新版》汇总："截至 2017 年云南省共有 3775 家茶叶种植专业合作社。"

从全省 3000 多家茶叶合作社来分析，有近三分之一沦为"空壳社""僵尸社"，三分之一处半歇业状态，三分之一为正常经营。

发展合作社目的是培育新型农民，是促进现代农业发展的主要渠道之一，但形成一哄而上的局面，各地区各种合作社的数量飞速增长，成了为申报各种政府项目补助的主要"途径"。大多数合作社账务核算不规范，产权构建不清晰，经营管理能力差，让合作社有些"变味"。

从全国看，传统茶行业与其他农业产业相比，存在茶行业集中度低，规模小，市场份额小而不稳定，大品牌企业少等现状，普洱茶产业亦是如此。

思茅茶马古城

● 产能过剩带来的市场低价竞争

国际、国内茶叶供求关系的基本判断。2017年，世界茶叶总产量为568.6万吨，中国茶叶总产量为246.04万吨；世界茶叶总消费量为554万吨，中国茶叶总消费量为213.48万吨；世界茶叶总进口量为173万吨；中国茶叶总出口量为35.52万吨，中国茶叶总进口量为2.98万吨。

从全世界茶叶总产量与总消费量分析，全球茶叶供求关系开始呈现供大于求，由于其他产茶国面积增加较快，这种供大于求的局面将长期存在。而结合中国茶叶种植面积、投产面积、弃采面积，国内总消费量及进出口情况分析判断，中国茶叶产能过剩约10%～15%左右。

生产的过剩会使茶叶市场的竞争加剧，价格下跌，茶农、茶企效益下降。

表4 普洱茶消费情况及趋势分析

年份	中国茶叶产量（万吨）	普洱茶总产量（万吨）	普洱茶在中国茶中的占比（%）
2004年	83.5	2	2.4%
2005年	92.0	5.2	6.8%
2006年	102.8	8	7.8%
2007年	101.02	9.9	9.1%
2008年	125.48	5.28	4.2%
2009年	135.06	4.5	3.77%
2010年	146.25	5.08	3.3%
2011年	160.76	5.56	3.46%
2012年	176.15	8.13	4.61%
2013年	188.72	9.69	5.0%
2014年	204.9	11.4	5.13%
2015年	227.66	12.9	5.67%
2016年	231.33	13.6	5.88%
2017年	246.04	15.7	6.38%
2018年	261.6	17.2	6.59%
合计		134.14	

普洱茶有完整统计数据的2004—2018年的这15间，全国普洱茶总产量为134.14万吨。近10年来，普洱茶产量在中国茶叶总产量的比重稳步提升，2018年产量达17.2万吨，占比达6.6%。根据普洱茶具有可长期存放、仓储升值的特性，很多人都热衷于仓储普洱茶，有的则因普洱茶未能合理流动消费，形成库存（商业上叫滞销）。但普洱茶的库存（滞销）是一把双刃剑：有利的一面是通过仓储转化，能提升品质，仓储得好的茶叶升值空间大；不利的方面是大家都只藏不喝，普洱茶缺乏流动性，形成市场疲软，加剧企业财务成本，同时再好的东西都遵循“物以稀为贵”，存放多了就成“尤物多则贱”。

曼歇坝风光

● 茶文化混乱对普洱茶发展的制约

茶文化的混乱。茶文化的混乱，使产品混杂，导致价格混乱，也降低了人们对茶的信任度。普洱茶复兴也就近20年，但普洱茶催生出的各路专家、学者、大师、匠人等有成百上千，有政府部门评选的，相关机构评的，也有自封的，来路有学院派、市场派、官员派、企业派、传承派、媒体派、自学派等普洱茶的专家，大师之多也许是全国各行业中之最。

知名茶山过度炒作和茶农直销的利弊。原本一些茶叶品质很特殊的茶山，被人们发现后进行文化挖掘包装，使古茶山知名度大增，茶价上升，使当地茶农“旧貌换新颜”，短期内实现脱贫致富，这很正常也提倡，对促进地方经济、文化、交通等发展非常有益，我就为普洱市挖掘宣传了十多座古茶山，提高了茶山知名度，有的茶山还成为了当地旅游风景区。云南最知名的茶山如老班章、易武、冰岛、昔归、困鹿山、景迈山、凤凰山等都是通过一片小小的叶子，实现地方经济快速增长和脱贫奔小康。但近几年一些茶叶被过分炒作，物极必反，如疯狂炒作“班章王”“冰岛王”“高杆王”等单株，被社会所诟病，个别人是获利了，但对整个普洱茶行业不利，一句话：茶叶是用来喝的，不是用来“炒”的。

“班章王”被恶炒了几年，本属于壮年期的茶树，由于人为影响太大，也“英年早逝”。其实也就是一片茶园中，土肥条件好点，过去人们采摘量小些，显得树型更高大而已，本来都是“姐妹兄弟”关系，被人“封”为王和后，就应了“德不配位必有灾殃”的古训。其实“炒茶”变成了“炒人”，天价茶背后大有“玄机”。茶价被炒得太高，短期看当地茶农好像是受益了，长期看受伤的还是当地茶农，例如老班章、冰岛等茶叶，当市场上99%都是假茶时，危机也在悄悄降临。近年来各地政府和行业管理部门也在禁止过度炒作，但屡禁不止。

名茶山的茶农直销，去了产业链的后端加工、仓储、经销商等环节，茶农短时期内销售价格更高、获利也更丰，消费者、茶商也可到茶山体验一下茶农的原生态生活。但在高价茶的诱惑下，不少茶农不讲诚信，致使茶商到茶农家收购茶叶，需要3人盯着，一人看着采摘，一人看着运回家，一人守着加工晒干，更有甚者要聘请保安公司参与，就为了购买几斤或几十斤茶叶，如此这般也不可持续。物以稀为贵，名山茶价高，但劣币逐浪币，打着名山茶的冒牌茶就大量流通于市场，时间久了，即便是真名山茶也没有人相信了。

● 普洱茶的三大短板

进入门槛低。普洱茶因进入门槛低，多年来普洱茶企业多而小，散而弱，总体上知名大品牌少，年销售上亿元规模的企业少。企业发展到一定程度，企业合伙人就分家另立门户，在一个茶企业工作一段时间，积累一定资源后就另立门户，形成企业越来越多、越来越小等现象。

曼歇坝风光

标准化产品缺失。普洱茶从国标、省标、企标都有。仓储标准、种养标准该有的都有了，并不缺行业标准。因普洱茶讲究山头茶、古树茶、春茶秋茶、大师生产茶、名家收藏茶等，在生产技术标准下，普洱茶难出标准的系列化产品。标准的系列化产品是一个企业数十年保持一致的拼配、品质、口感等的产品，在市场形成一定知名度。有的企业生产出品质、口感已经让市场认可的产品，但一炒作就使原料价格高涨，企业就选用其他原料替代，而使这款产品的品质、口感难以保持一致。数量少的山头茶很难出标准化产品，只有拼配茶才能做出一定数量的标准化产品。

曼歇坝风光

拼配法国红酒讲究的是混酿，云南普洱茶讲究的是拼配。拼配是一项技术，是企业的核心技术，是把不同茶最好的优点进行拼配，扬长避短，得出一个比例最佳的配方，这是普洱茶未来发展的一种趋势和技术。过去专业学校和培训机构只重视种植、初加工、压制茶、茶艺等培训，云南普洱茶要尽快对茶叶拼配技术进行培训，把拼配技术纳入职称评定范围。

价格混乱。普洱茶价格从十几元到数万元一饼，让一般人无从识别，都印“老班章古树茶”字样，网上卖 18 元 / 饼还包邮，这样的茶能喝吗？但还卖得很火爆。一般一饼 357 克的生普单加工包装费就需 5 元左右，老班章古茶山有茶地 4700 亩，年产晒青毛茶 50 吨左右，真正的老班章成本在 3000~5000 元 / 饼，而市场上卖的“老班章”少说数量也有 5000 吨。再如冰岛古树茶的价格混乱，据勐库镇相关负责人介绍，整个冰岛村委会百年以上古茶园现有面积 334.9 亩，古茶树 24232 棵，年产干茶 7.8 吨，可市场上卖的又何止几千吨。只能说网上、市场上低价卖的老班章、冰岛一定是假的，高价买到的也未必是真的。

还有一些大师卖百年老茶却被检出现代农残，卖假老茶成为市场的坏风气。

如此混乱的价格让消费者怎样选择？而目前国内有关市场销售的法律有《中华人民共和国电子商务法》《产品质量法》《反不正当竞争法》《合同法》《中华人民共和国专利法》《商标法》《广告法》《消费者权益保护法》，等等，竟然管不住一片“假茶”。越是知名茶山“假茶”越多，这种“劣币逐良币”怪象何时休？

曼歇坝风光

● 普洱茶的趋势判断

2008年以前普洱茶消费市场以熟茶为主，熟茶占普洱茶总量的60%左右，2009—2012年生茶、熟茶各占50%，2013年以来普洱熟茶和生茶比例发生变化，熟茶占比下降到45%左右，原因一：熟茶多为存放3~5年就消费；原因二：过去没有中期茶，现在中期茶多了，消费开始升级。普洱茶以茶企仓储、专业仓储、个人珍藏的存量普洱生茶为主。全国从2004年开始的15年间共生产的134.14万吨普洱茶，预计已消费的量在50%左右，仓储周转存量预计在60万~70万吨之间。目前，中国茶叶年总消费量213.48万吨，普洱茶实际年消费10万吨左右，占全国茶叶消费比重的5%左右。据中国茶叶流通协会公布，中国14亿人口，喝茶人数6亿~7亿人，也就是说全国只有3500万人左右在喝普洱茶。因普洱茶耐泡、茶气足，成为喝茶人的最后一站，近年来普洱茶消费人群增加较快，每年以10%~15%的速度在增长。

茶叶是世界三大饮料之一，是国际卫生组织推荐的健康饮品，茶及茶文化是中华民族的物质财富和精神财富，提倡"茶为国饮"，喝茶的人逐步年轻化，中国喝茶总人数不断在增加。再用10年左右时间，全国喝茶人有望达7亿~8亿人左右，而终结于喝普洱茶的人群在全国喝茶人中有望达7%~8%，即达到5000~6000万人，普洱茶库存周转量会达100万吨左右，库存茶以仓储了7~20年的中期茶为主，普洱茶年销量17万吨到20万吨左右。云南省目前共有古茶园近64万亩，古树茶年产量约2.5万吨；云南改造仿古留养的大树茶面积有望达到200万亩以上，产量达10万吨，大树茶将成为普洱茶市场上的主流原料。

引导消费者如何品普洱。不能过分强调长期存放，否则大家都只存不喝，成为普洱茶的硬伤。再好的茶只有喝了，才能获得享受，才能获得健康，别出现"茶存着，人走了"的情况。

因普洱茶有可长期存放、保值升值的特质，但最佳品饮期为存放10~30年，存放时间太长，茶中的有效物质流失多，减少了茶气，同时仓储的时间长也会增加资金成本，使茶叶成本价格升高。"存新茶，喝中期茶"的饮茶文化开始形成，普洱的消费升级将进入中期茶时代。所以普洱茶是用来喝的，不是用来长存的，更不是用来"炒"的。

● 云茶向非品饮类产品的开发转型

云茶深加工的转型势在必行，传统的箱装袋装散茶、紧压茶是云茶主流产品，包括普洱茶的砖、饼、坨等，以品饮为主的各大茶类和不同形态的茶产品统称“饮品类茶产品”，全球、全国茶叶产能过剩也是指饮品类茶产品的过剩。

饮品类茶产品的总体科技含量低，进入这个行业门槛低，竞争激烈，云茶企业“多、散、小、弱”有其必然性，加之茶叶属农产品，前端生产不纳税，后端加工、销售有的纳税，有的不纳税，就形成“赋税不公平竞争”，这样云南传统茶行业很难会有大型茶企出现，也就形成云茶“大产业小税收”的结果。

云茶产业的大突破，在于饮品类向非饮品类转型。茶叶中提取茶多酚、氨基酸等内含物质的工艺技术日趋成熟，提取率和产品纯度越来越高，加工提取成本越来越低，这是“中国制造”的优势。茶叶中茶多酚、氨基酸、茶多糖、茶红素、茶褐素等在生物医药、天然食品保鲜剂、天然食品等方面用途越来越广。而云茶具有茶多酚、氨基酸、茶多糖等物质天然含量比其他地方的茶叶高，茶树生长更快，原料充足，价格低等优势。普洱茶只有引进科技含量高，投资规模大，进入门槛高，盈利能力强，税收贡献大的项目，才能有效解决产能过剩就，做强做大茶产业。

新华国茶庄园

● 控制产能和扩大消费的并行

“去产能，扩大供给”同样适用于普洱茶产业，但要如何去产能，怎样扩大消费？

去产能首先要控制茶叶种植面积，不再支持新植面积。其次是对现有台地茶进行改造，在名茶山辐射范围内，引导对茶叶良种嫁接改造，进行稀疏留养（仿古茶留养），可减少产量，提高品质；对有一定市场渠道的企业，支持对台地茶进行有机茶认证，同样可减少产量，提高品质。最后是上面提到的通过深加工，把茶叶从饮品性向非饮品性转型。

扩大消费方面：一方面是全球人口的增长，引导更多的人品饮茶叶，促进茶叶消费，特别是对中国消费者的消费引导，倡导中国茶文化，同时使茶产品方便快捷化，满足消费者的不同需求；另一方面，提高茶叶食品安全，降低茶叶成本，参与国际茶叶市场的竞争，扩大出口。

台地茶良种嫁接

● 中西方茶文化的差异与国际市场上的竞争力

“为何6万家中国茶企不敌一个立顿？”这是多年来的一个敏感话题，也是压在中国茶人心头的“一座大山”。

人们常用立顿茶叶来和中国茶叶做比较，总是觉得中国的茶叶为什么没有像立顿、塔塔这样的国际品牌？为何6万家中国茶企不敌一个立顿？回答这个问题需作深层次分析。

中国茶文化的根基和西方的茶文化是截然不同的，中国茶文化的根基可以简要概括为七个字：观、品、闻、水、器、人、境。

观——就是用眼睛去观看茶树生长的环境、树的大小，茶叶的外形、叶底、汤色的变化。

品——就是当把茶叶冲泡出来以后，用口舌去品茶汤的滑润度和厚重度。

闻——就是当拿到一款茶叶的时候，首先会用鼻子闻香气，在开汤之后，闻杯底和茶汤的香气。

水——就是选择什么样的水来冲泡茶叶，中国自古饮茶讲究水，水质能影响茶叶的品质。

器——就是选择什么茶器来冲泡茶叶，如紫砂壶、瓷器盖碗、玻璃器皿等，不同的茶叶一般选择的茶器也不同，如普洱新茶用盖碗，老茶用紫砂壶。

人——就是选择什么人来冲泡茶叶和与什么人一起品茶。前面观、闻、品、水、器等都需要人来体验实现；人们谈生意，朋友叙旧，以茶会友等，与不同人品茶感觉是不一样的；

境——指品茶的环境、意境、场景等。

西方的茶文化不像中国茶文化那么厚重，它追求的标准首先是茶叶有没有对健康有害的物质，主要以检测农残之类的一些指标是否符合要求。比如立顿红茶，它的原料很多是以红碎茶CTC为主。世界上主要产茶国除中国外，还有印度、斯里兰卡、巴基斯坦、越南等，这些国家的劳动成本远低于中国。另外，这些国家的茶叶是以做红碎茶为主，红碎茶在采摘的过程中不需要看叶底和形状，在采摘茶叶时就可以使用半机器化操作。中国的茶叶按照茶芽一芽一叶、一芽二叶、一芽三叶等标准，以人工采摘为主，单纯用人工采摘茶叶一个人一天采5～20千克，而用半机械化采摘，3个人1天可以采摘1000千克左右，也就是1个人一天采收300多千克，因此为立顿提供原料的产茶国的茶叶成本，远远低于中国的生产成本。从相关数据看：目前中国茶叶的生产成本从30～100元/千克，因不同品种、工艺、茶类、采摘标准不同成本差异较大。国际茶叶出口均价为3美元/千克左右，中国茶叶出口平均价为4.5美元/千克左右。

普洱茶大祭司和乌克兰美女

因为工艺和标准的不同，机械化采摘难免掺杂一些茶梗和老叶片，用来做传统绿茶、普洱茶、白茶是不理想的，这些在分类的标准中都属于次等茶，而用于做红碎茶，发酵并打碎做成小包茶叶，老叶片和茶梗通过发酵进入产品中，不用单独剔除出来。在中国茶体系中属于劣势，在西方却变成优势。

所以茶文化根基、成本构成，以及很多商业模式的不同，也就让中国的茶企业和立顿处于不同的成本层次。如果中国茶企业要保留传统茶文化，在近几十年内是很难有立顿这样的国际化大茶企，因为文化的根基就决定了产品形态，决定了市场竞争力。

所以，我认为，整个茶行业也要对中国整个的文化根基进行深入地了解以后，才能进行清晰地判断。要不然很多人经常就用中国的茶企业和立顿做比较，乃至盲目推崇学习西方茶文化，丢失传统的茶文化和国内最大的茶叶消费市场，要提防新形势下的“茶叶战争”，别让中国茶产业成为中国的大豆产业和一些粮食种子一样，被别人控制。

中国茶叶生产成本高这是中国改革开放40多年经济快速发展，劳动者工资增长的必然结果；中国茶叶是一个以内销为主的商品，国民经济水平提高是能适应茶叶价格增长的；中国茶文化的内涵完全符合国家提倡的健康生活方式。当然，中国茶也要与时俱进，需不断创新产品，来满足都城年轻人快节奏的生活需求，开发方便快捷的产品。

● 让古茶树资源的“金字招牌”更锃亮

目前，云南有古茶资源的地方，为更好地保护和可持续利用其资源，已相继出台了《古茶树资源保护条例》，对古茶树的概念形成了一定的共识。

作者在无量剑湖

古茶树是指野生型茶树、过渡型茶树和树龄在100年以上的栽培型茶树；古茶树资源是指古茶树，以及由古茶树和其他物种、环境形成的古茶园、古茶林、野生茶树群落等。当然“树龄在100年以上”的提法没有具体时间起点，是动态的，定义不是非常精准。如再过三四十年，中华人民共和国成立后大面积种植的茶园树龄也将有100年，到时这些算不算古茶树？所以今后还需修改完善条例。

茶树品种较多，按树型分有乔木型茶树和灌木型茶树。在中国西南地区自古就生长着很多乔木型茶树，只是后来人为的影响和自然气候的变化，目前很多地方的野生乔木茶树已消亡，而云南的气候、土壤条件适于乔木型茶树的生长，因此云南成为世界茶叶原产地。

《茶经》留下最早的古茶树密码

唐代陆羽写了世界上最早的茶叶专著《茶经》。开篇记载：“茶者，南方之嘉木也，一尺二尺，乃至数十……其地：上者生烂石，中者生栎壤，下者生黄土……阳崖阴林紫者上，绿者次……。”当时的云南属于南诏国，加之那时的南诏国与大唐双方交战，陆羽没有到达云南，所以《茶经》里没有关于云南茶叶方面的只言片语，非常遗憾。但距今1250多年前的文献记述，与目前云南茶叶发展及趋势又是如此相似，用现代科学实验证明了我们祖先的智慧，以及在茶叶发展中具有一定的指导意义。

“茶者，南方之嘉木也”

在唐代，以巴蜀为代表的南方就盛产茶叶，估计很多为野生大茶树。自普洱茶热以来，古树茶倍受追捧。云南大叶种茶属乔木类型，根系发达，可长成参天大树。在云南民间有“树的主干有多高，主根有多深；树幅有多宽，须根有多长”的说法。所以乔木大树茶根较深，利于向土壤深部生长，吸收更多矿物质等养分，茶树通过稀疏种植留养，养分充足，光照均匀，易形成高大乔木树型。

今天我们所说的古树茶，百年前都是稀疏种植的乔木茶，是以吸收土壤深层矿物质为主，这也是在同一个地方、同一个品种，古树茶品质更好的原因。当然很多大茶树后来进行低产茶园改造被台刈，主干虽然被台刈但树根还在。目前，人们所说的台地茶，是指开水平台地种植，形成密植、矮化、丰产的茶园。台地茶因密植、矮化、求丰产，人工施肥较多，主根较浅，须根发达，是以吸收人工增加的养分为主，20 世纪 60 年代开始在全国茶区推广；而无性繁殖的茶叶良种，20 世纪 90 年代在西双版纳、普洱、临沧等地推广，多为台地茶。

至于有“专家”说无性繁殖茶树没有主根，寿命短，品质不好，我看没有科学依据，过去我也信以为真。但目前从普洱新华国茶公司进行乔木稀疏留养地试验来看，其实无性茶叶的主根也很发达，我用了 4 年的时间，只是改变留养方式的，放养的部分主根已近 2 米长，而密植、矮化的主根只有 1 米多长。这里我举个实例：2017 年雨量大，很多茶地坍塌，黄龙山的曼歇坝茶厂的台地茶种于 1963 年，品种是勐库大叶种，坍塌下来的树主根有约 1.8 米长；而新华国茶公司的茶叶种于 2008 年，用无性系良种种植，2016 年开始留养，树高 2 米多，树主根很粗壮，经测量有 1.84 米长，目前两个标本样还放在公司。茶树的树龄 1000 年相当于人的 100 岁。茶叶无性繁

易武古茶山

殖技术的推广只有30多年，未来茶树的寿命有多长，只有我们的子孙才知道。过几年市场上又推出“无性良种乔木茶”也完全可能。

无量山古茶树

“上者生烂石，中者生栎壤，下者生黄土”

茶叶生长得好次取决于五个要素：土壤成分、自然环境（海拔、光照、降雨、植被等）、茶叶品种、种管模式、加工工艺。茶树生长在杂石（烂石）中，土石壤间有空隙，积累的各种矿物质成分更丰富，更利于根系生长，茶质就更好，正因为如此，很多地方都抬高了“岩茶”的身价；栎壤也就是我们习惯称的土夹石，土壤透气性好、保水性强，茶树吸收的矿物质成分丰富，茶质好些也就自然；纯黄土的壤土容易板结，透气性不好，茶树根系长得浅，吸收深层土壤的矿物质少，茶叶品质会更次些。所以茶树越大、树龄越久的根系就相对越长，土壤疏松的更有利于根系生长，更多吸收自然物质养分。古茶树不需要人为施肥也能旺盛生长上数百年乃至千年，道理也在于此。

无量山古茶树

茶适“阳崖阴林”

“阳崖阴林”我理解的“阳崖”指向阳的坡地；“阴林”应同“荫

林”，遮阴的树木。植物的生长需要光合作用，茶树需要阳光，也喜一定的遮阴度，遮阴度在 40%～50% 为宜。同等条件下，向阳面的茶叶品质会好于背阴面的，有合理遮阴度的品质好于整天太阳暴晒的。

从云南各地的古茶山，如普洱市的景迈山、金鼎山、老乌山，西双版纳州的易武、布朗山，临沧市的冰岛、昔归等名茶山即可得到验证。云南在 1949 年 10 月后种植的茶园模式为高产密植型，连片规模化发展，形成把树林清除，以开台地种植的现代茶园模式（即台地茶）。

但近几年来，西双版纳、普洱、临沧等茶叶主产区都在实施生态茶园改造，也就是在原来单纯只有茶树的茶园中重新种植适当的遮阴树，逐渐恢复生态系统，有条件的地方提倡进行稀疏乔木留养，说直白些，就是恢复老祖宗的种养模式。

茶“紫者上，绿者次”

在云南众多的茶叶品种中，“紫茶”一直有些纠葛不清。紫茶是茶叶自然进化或人类栽培茶叶的漫长过程中，受地理环境、气候、阳光等诸多因素的影响，引发茶叶基因突变而成的变异品种，因茶叶中花青素含量高于其它茶叶，茶叶颜色呈现紫色，人们把这类茶叶统称“紫芽茶”。陆羽的“紫者上”，用现代科学解释为紫芽茶中花青素含量高，花青素被称为“植物软黄金”，具有非常好的抗氧化等功效。紫鹃茶因为花青素含量比传统的紫芽茶高，整棵树都显示紫色，这是大自然的恩赐。普洱茶从诞生起，“大树茶”就是它的标配。普洱茶的名字始于 1729 年，为雍正皇帝的封赐，但这个茶之前就存在着。民国以前人们种植茶树一般采用“地埂茶”“满天星”式栽种，即自然随意地开塘种植，放养成高大的茶树。

所以，目前普洱茶界推崇古树茶，是长期市场需求形成的，只要普洱茶还存在于市场，这种千百年来形成的共知就不会轻易改变。无论是在北京故宫里幸存的“万寿龙团”贡茶，还是印级茶、号级茶、88 青、001、奥运国茶等，都离不开古树茶（大树茶）的身影。

都在讲古树茶更好喝，但为什么古树茶比台地茶和小树茶好喝？综上所述，古树茶好喝是因为其树根扎得深，更多地吸收了土壤深层的矿物质。所以我认为如果树茶留养方法不得当，即便茶树树龄过了百年也不一定好喝；如果留养方法得当，即便茶树树龄只有几十年也会好喝。古树茶是老祖宗给我们留下的宝贵财富。